职业教育酒店管理专业校企"双元"合作新形态系列教材

宴会设计与服务

主　编◎谢　强　谢廷富　周李华

副主编◎李　宁　刘　轶

重庆大学出版社

内容提要

本书是重庆市酒店行业协会组织酒店行业专家与相关职业院校骨干教师合作编写的职业教育酒店管理专业校企"双元"合作新形态系列教材之一,旨在为职业院校酒店管理专业的学生、酒店从业人员提供理论和技术指导。本书遵循职业院校学生的学情特点,结合酒店行业岗位的实际需求,兼顾必要的理论知识,突出实践能力。全书分为七章,包含了解宴会文化、宴会场景与环境设计、中式宴会台面设计、西式宴会台面设计、宴会服务设计与技巧、宴会方案策划与营销、宴会服务人员与质量管理等模块。为增强实用性及对接"岗课赛证"的需要,全书还引入了全国职业院校技能大赛等比赛的作品和资料。

图书在版编目(CIP)数据

宴会设计与服务 / 谢强,谢廷富,周李华主编 .--
重庆:重庆大学出版社,2024.1
职业教育酒店管理专业校企"双元"合作新形态系列
教材
ISBN 978-7-5689-3946-1

Ⅰ.①宴… Ⅱ.①谢… ②谢… ③周… Ⅲ.①宴会—
设计—职业教育—教材 Ⅳ.① TS972.32
中国国家版本馆 CIP 数据核字 (2023) 第 097186 号

宴会设计与服务
YANHUI SHEJI YU FUWU

主 编 谢 强 谢廷富 周李华
副主编 李 宁 刘 轶
策划编辑:顾丽萍

责任编辑:唐学青 顾丽萍 版式设计:顾丽萍
责任校对:刘志刚 责任印制:张 策

*

重庆大学出版社出版发行
出版人:陈晓阳
社址:重庆市沙坪坝区大学城西路21号
邮编:401331
电话:(023)88617190 88617185(中小学)
传真:(023)88617186 88617166
网址:http://www.cqup.com.cn
邮箱:fxk@cqup.com.cn(营销中心)
全国新华书店经销
重庆华林天美印务有限公司印刷

*

开本:787mm×1092mm 1/16 印张:11.5 字数:240千
2024年1月第1版 2024年1月第1次印刷
ISBN 978-7-5689-3946-1 定价:39.00元

　　职业教育与普通教育是两种不同的教育类型，具有同等重要的地位。随着中国经济的高速发展，职业教育为我国经济社会发展提供了有力的人才和智力支撑。教材作为课程体系的基础载体，是"三教"改革的重要组成部分，是职业教育改革的基础。《国家职业教育改革实施方案》提出要深化产教融合、校企合作，推动企业深度参与协同育人，促进产教融合校企"双元"育人，建设一大批校企"双元"合作开发的教材。

　　酒店管理是全球十大热门行业之一，酒店管理专业优秀人才一直很紧缺。酒店管理专业是职业教育旅游类中的重要专业，该专业的招生和就业情况良好，开设相关专业的院校众多，深受广大学生的喜爱。酒店管理专业的课程具有很强的实操性。基于此，在重庆大学出版社的倡议下，重庆市酒店行业协会党支部书记、常务副会长兼秘书长谢廷富老师自2020年开始牵头组织策划本系列教材，汇聚了一批酒店行业的业界专家与职业院校的优秀教师共同编写了这套职业教育酒店管理专业校企"双元"合作新形态系列教材。

　　本系列教材具有以下几个特点：

　　1.校企"双元"合作开发。为体现职业教育特色，真正实现校企"双元"合作开发，本系列教材由重庆市酒店行业协会牵头组织，邀请了重庆市酒店行业协会、重庆市导游协会、渝州宾馆、重庆圣荷酒店、嘉瑞酒店、华辰国际大酒店、伊可莎大酒店等行业企业的技能大师和职业经理人，以及来自重庆旅游职业学院、重庆建筑科技职业学院、重庆城市管理职业学院、重庆工业职业技术学院、重庆市旅游学校、重庆市女子职业高级中学、重庆市龙门浩职业中学校、重庆市渝中职教中心、重庆市璧山职教中心等院校的优秀教师共同参与教材的编写。本系列教材坚持工作过程系统化的编写导向，以实际工作岗位组织编写内容，由行业专家提供真实且具有操作性的任务要求，增加了教材与实际岗位的贴合度。

　　2.配套资源丰富。本系列教材鼓励作者在编写时积极融入各种数字化资源，如国

家精品在线开放课程资源、教学资源库资源、酒店实地拍摄资源、视频微课等。以上资源均以二维码形式融入教材，达到可视、可听、可练的要求。

3. 有机融入思政元素。本系列教材在编写过程中将党的二十大精神、习近平新时代中国特色社会主义思想以及中华优秀传统文化等思政元素与技能培养相结合，着力提升学生的职业素养和职业品德，以体现教材立德树人的目的。

4. 根据需要，系列教材部分采用了活页式或工作手册式的装订方式，以方便教师教学使用。

在酒店教育新背景、新形势和新需求下，编写一套有特色、高质量的酒店管理专业教材是一项系统复杂的工作，需要专家学者、业界、出版社等的广泛支持与集思广益。本系列教材在组织策划和编写出版过程中得到了酒店行业内专家、学者以及业界精英的广泛支持与积极参与，在此一并表示衷心的感谢。希望本系列教材能够满足职业教育酒店管理专业教学的新要求，能够为中国酒店教育及教材建设的开拓创新贡献力量。

编委会

2023 年 6 月 18 日

　　随着人们生活水平的不断提高，消费者对宴会的认识逐步深入，需求逐渐提高，更加注重饮食的健康与文化，注重宴会在生活中的仪式感。宴会的功能不仅是用于果腹，还承担了社会的交往功能和文化传承功能。无论是酒店的餐饮部，还是社会餐饮企业，都在这种社会需求下逐渐转型。

　　本书的编写是为了顺应市场对新时代宴会服务的变革需求，融合"1+X"证书制度对教学的改革需求，推动"岗课赛证"的教学模式。本书是重庆市酒店行业协会组织酒店行业专家和相关职业院校骨干教师合作编写的"酒店管理专业"系列教材之一，旨在为职业院校酒店管理专业的学生、酒店从业人员提供理论和技术指导。本书遵循职业院校学生的学情特点，契合酒店行业岗位的实际需求，兼顾必要的理论知识，突出实践能力。全书共分为七章，包含了解宴会文化、宴会场景与环境设计、中式宴会台面设计、西式宴会台面设计、宴会服务设计与技巧、宴会方案策划与营销、宴会服务人员与质量管理等模块。每个项目分为若干任务点。在内容的选取上，力求以够用、实用为原则，帮助读者提升宴会设计能力和对客服务能力。

　　本书立足提高学生的综合素质和对客服务能力，贯彻实用性、先进性、科学性、规范性的原则，既可以作为高职旅游、酒店类专业学生的学习用书，也可以作为酒店餐饮行业的培训教材。

　　本书由重庆旅游职业学院谢强、重庆市酒店行业协会谢廷富、重庆嘉瑞酒店周李华担任主编，重庆市酒店行业协会李宁、重庆建筑科技职业学院刘轶担任副主编，重庆旅游职业学院姚永昌、日照职业技术学院付坤伟参与编写。谢强对全书进行统稿和

审定。本书视频和图片拍摄得到了重庆银鑫世纪酒店、武陵山非遗饮食文化传承创新中心的大力支持。

　　由于编者水平有限，同时宴会设计与服务本身并非"精准科学"，书中难免有疏漏之处，敬请广大读者批评指正，我们将在今后进一步改进。在此，向广大读者表示诚挚的谢意。

编　者

2023 年 2 月

目 录
MULU

项目一
了解宴会文化

》 学习目标

• 了解宴会历史文化，知晓国内外悠久饮食文化和宴会历史知识，传承我国优秀民族文化。

• 了解宴会类型，能够根据客人的需求准确选择宴会类型并提供设计和服务。

• 能够讲解历史上著名的宴会故事。

》 知识点

宴会的概念；国内历史上著名宴会；宴会的类型。

【案例导入】

G20 峰会国宴

2016 年 9 月 4 日，举世瞩目的杭州 G20 峰会召开，多国领导人和国际组织负责人齐聚杭州。当晚，与会嘉宾在杭州西子宾馆参加了欢迎晚宴。除了完美的宴会服务外，一系列令人惊喜的小细节，比如菜单、餐具及服务人员的着装等都令与会嘉宾记忆深刻。

杭州西子宾馆为了这次高规格的晚宴，煞费苦心。餐具都是 G20 定制版，各国领导人用的餐具还用金边作为区分。晚宴的餐具全套系列命名为"西湖盛宴"，设计创作灵感来源于水和自然景观，整套餐具体现出"西湖元素、杭州特色、江南韵味、中国气派、世界大国"的 G20 国宴布置基调。餐具上的图案，采用富有传统文化审美元素的"青山绿水"工笔带写意的笔触创作，布局含蓄严谨，意境清新。所有图案设计均取自西湖实景。

晚宴上的菜单包括清汤松茸、松子鳜鱼、龙井虾仁、膏蟹酿香橙、东坡牛扒、四季蔬果，另外还有冷盘、水果冰激凌等。宴会用酒则是产自北京的张裕干红 2012 和张裕干白 2011。其中，龙井虾仁是一道具有浓厚地方风味的杭州经典菜，正宗的龙井虾仁选用清明节前后的龙井茶配以虾仁制作而成。

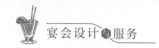
　　服务人员的着装也是经过精心设计，他们每天都要排练很久，确保提供最高规格的服务。在整个宴会服务团队的努力下，一场精彩难忘的G20峰会欢迎晚宴惊艳了世界，向全世界展现了我国酒店服务行业的专业、高效、严谨、认真的工作作风和品质。

G20峰会晚宴餐具

G20峰会晚宴场景

G20 峰会晚宴使用口布

任务一　宴会的历史与文化

一、餐饮中常见元素的历史

民以食为天，饮食是民族文化、区域文化中十分重要的组成部分。从世界地域上看，两河流域、中美洲、中国是世界上三大农业起源中心。农业的发展使人类得以延续，在这个过程中，不同地域的人们对食物有了自己的理解和烹饪方法，于是产生了不同的饮食流派和饮食习惯。下面，对国内外餐饮中常见的一些元素的历史文化进行简要介绍。

（一）粮食作物

水稻是我国的原产作物，是中国饮食文化的重要基础。早在 7 000 年前，中国原始农业水稻的种植在粗放的耕作中诞生了。随着牛耕在春秋时代的产生，进一步推动了水稻产量的提升。水稻最早在我国北方种植。汉代以前，水稻的总产量远低于小麦和大豆，水稻的发展与中国人口南迁密不可分。到东汉时期，由于北方连年战乱，大量人口南迁到长江流域，南方的自然条件更适合水稻的种植，加上农业科技的发展和人们兴修水利、平整土地，水稻的产量得到较大提升。到了北宋时期，水稻产量已经跃居我国粮食作物首位。近代，在袁隆平等科学家的努力下，我国杂交水稻的单位产量达到世界第一，为全人类解决温饱问题做出了重要贡献。

小麦是世界上普遍种植的粮食作物，原产地在两河流域。在古埃及的壁画中，已有种植小麦的记载。到了夏朝，小麦开始在我国种植。春秋战国时期，小麦的重要程度逐渐超过了当时的黍。据《吕氏春秋》记载，强调劝民种小麦，到时不种要治罪。汉代，小麦种植开始在中国南方地区推广。南宋时期，小麦已经成为中国第二大粮食作物。在世界范围内，小麦也是西餐的重要原料，小麦经过加工磨制后的面粉可以制作成为面包、面条、蛋糕、酥点、饼干等食品。

大豆是我国的原产作物，现代人已经不把大豆作为主食，但是在古代，豆是五谷的"菽"，是重要的粮食作物。中国老百姓种植大豆已有四千多年的历史，《史记》中记载了轩辕黄帝教人们种植大豆，《诗经》中也有大量的诗句与人们种植大豆有关，如"中原有菽，庶民采之"。到了秦代，大豆已经成为仅次于粟（小米）的重要粮食作物。据传，淮南王刘安在炼丹过程中偶然以卤水点豆浆，发现豆浆能凝结成块，这就是豆腐。豆腐的出现使大豆的豆腥味得以消减，口感也比大豆好。到了宋代，豆腐和各种豆制品已经大规模普及，但大豆作为主食的地位已不复存在。在1760年前后，大豆传入美洲，虽然不到300年，但如今，美国、巴西已经成为世界上大豆产量最多的两个国家。

玉米，也叫玉蜀黍，原产于美洲，考古学家在秘鲁古城遗址出土的陶器和建筑物上，发现了嵌有大量玉米籽粒和果穗的图案。分析这些遗迹，考古学家们推测，南美洲最早的原有居民印第安人远在公元4 000—5 000年前就开始广泛种植玉米了。1492年，意大利航海家哥伦布到达美洲大陆，发现了玉米，并把它带回西班牙。他在航海报告中热情地介绍了玉米这个被印第安人当作自然神来崇拜的作物，他写道："有一种谷物叫玉米，它甘美可口，焙干，可以做粉。"从此，玉米渐渐地遍布世界。玉米传入中国最早的文献记载是1511年的《颖州志》，距哥伦布发现美洲新大陆只有19年。所以，玉米最早从水路传入中国东南沿海的可能性最大。到18世纪中叶，南方各省已经广泛种植玉米。当时玉米主要种植在不宜种植水稻的丘陵和山区，所以很快就传到北方，并成为主要农作物。随后传入朝鲜和日本。到了现代，玉米作为主食的地位已经不复存在了，但是它仍是饲料、淀粉、酒精、食品等的重要原料。

土豆，又称马铃薯，原产地在遥远的南美洲安第斯山区。印第安人种植马铃薯已经有数千年的历史。马铃薯的丰歉直接影响着他们的生活，因此印第安人将马铃薯尊奉为"丰收之神"。当第一批欧洲探险家到达秘鲁的时候，发现当地人种植一种名为"papa"的奇特的地下果实，煮熟后变得柔软，这就是马铃薯。1565年，西班牙远征军向西班牙国王菲力二世呈献了一箱包括马铃薯在内的南美洲农产品，最初的马铃薯居然是以它妖娆的枝叶和艳丽的花朵受到人们青睐的。清朝康熙年间，马铃薯传入中国，它比玉米和红薯更易种、耐寒、耐瘠，马铃薯在土壤贫瘠、气温较低、连玉米都种不活的高寒山区都可以成活，为"康乾盛世"奠定了坚实的粮食基础。

（二）动物

猪是全球饮食结构中重要的动物。早在 1 500 万年前，猪科动物已经在欧洲、亚洲、非洲广泛分布。野猪是原始人类的敌人，也是重要的食物来源。随着人类狩猎水平的提高，野猪逐渐被圈养和驯化，成为最早被人类驯化的动物之一。在中国广西的墓葬中出土了距今 9 000 多年的家猪骨骼。在商、周时期，利用阉猪技术，使脾气暴躁的公猪的性格变得温顺。《诗经》中也有一些关于猪的诗歌，如"执豕于牢，酌之用匏"，意思是去猪圈里把猪抓来宰杀，杯子中倒满美酒。猪凭借着好养活、生得多、长肉快等优势迅速成为人类重要的食物来源。

牛是另一种常见的用于食用的动物，包括肉牛、奶牛都起源于原牛。据考古学家研究，一万多年前两河流域就已经驯化了牛。六七千年前，中华民族也驯化了牛，历史比驯化猪要晚一些。在中国的饮食结构中，牛肉是很少出现的，因为在农业社会，牛是重要的生产工具，是不能随意宰杀的。西周时期，只有天子才能在祭祀时吃牛肉，《周礼》记载，西周时期专门设有管理祭祀用牛的官员，被称为"牛人"。在秦朝法律中，故意杀牛是死罪。

羊，也是世界饮食结构中重要的动物，有 8 000 多年的历史。汉字"鲜"就是由鱼和羊组成，说明古人很早就知道羊肉是非常美味的。从遗传学上，牛和羊都是属于牛科动物，羊可以理解为更小的牛，因为羊不能像耕牛一样为农业社会提供更多的帮助，所以羊肉成为美食的历史比牛肉更早。

（三）饮料

酒是各国饮食中的重要组成部分，世界上公认的三大古酒是啤酒、葡萄酒和黄酒，都有超过 6 000 年的历史。在甲骨文中，对于酒的名称有三种：一种叫"酒"，即旨酒；一种叫"醴"，即甜味较淡的酒；一种叫"鬯"，即香而浓的酒。古代酒主要用于祭祀，老百姓是不能随便饮用的。古代人们饮用的都是低度酒，到了元代随着蒸馏技术的出现，才开始有了烈性酒，也就是现在的白酒。葡萄酒最早起源于高加索地区，随后传到了欧洲，直到汉朝张骞出访西域之后才传入我国，但一直都是皇室和贵族才能享用的奢侈品。

茶的历史也十分悠久，《诗经》中也多次出现"荼"（历来均将"荼"字作"茶"的古字），如"谁谓荼苦，其甘如荠"。我国饮茶历史大概分为三个阶段，第一阶段从西汉到六朝时期，主要是"粥茶法"，煮茶和现在的煮汤差不多，人们是"吃茶"。目前，云南等地还有类似的风俗。第二阶段是唐至元代前期"末茶法"，人们把茶叶碾压成粉末状，加入一些香料和淀粉制作成茶饼，冲点时再将其研磨。第三阶段是元代后期至今的"散茶法"，无论是绿茶、红茶、乌龙茶都统统属于散茶。中国是世界上最早饮用和种植茶的国家。直到 17 世纪，茶才通过海运传入欧洲，尤其是红茶成为欧洲皇室贵族的时髦饮品。

（四）餐具

筷子，可谓是中国的国粹。筷子一头是圆形，一头是方形，象征着古代人们对世界天圆地方的理解，同时也能防止筷子滚动。考古学家发现，最早的筷子出现在 3 000多年前。在此之前，我们的先民使用骨质餐刀进食，有时也会使用手进食。春秋战国之后，我国的菜肴就不再是一大盘肉端上来了，而是通过改刀成小块进行烹煮，所以餐刀也慢慢退出餐桌。在很长的一段历史时期，餐刀和筷子同时作为中华民族餐桌上的餐具。到了宋代，由于铁锅的普遍使用，我国各大菜系从此迅猛发展，煎炒烹煮全面发展，各种精细制作的菜肴，很少用到刀和叉，一双筷子就可以解决。

刀叉是现代西餐餐具的代表，4 000多年以前，东西方的餐饮中都有骨质或石质的刀叉，用于切割肉类。西方进食的餐具最初只用刀，早期的刀就是石刀或骨刀，直到炼铜以后，有了铜刀，铁器出现以后，才改用铁刀。单独的刀不像筷子，不是严格意义上的餐具，因为它是多功能的，用来宰杀、解剖、切割狩猎物或牛羊肉，到了烧熟可食时，又兼作餐具。大约在 13 世纪以前，欧洲人在吃东西时还都用手指。在使用手指进食时，还有一定的规矩：罗马人以用手指的多寡来区分身份，平民是五指齐下，有教养的贵族只用三个手指，无名指和小指是不能碰到食物的。到了 15 世纪，西方人为了改进进餐的姿势（以前是躺着进食），才使用了双尖的叉，因为用刀把食物送进口里不雅观，改用叉具叉住肉块送进口里显得更优雅。叉才是严格意义上的餐具，但叉的弱点是离不开用刀切割，所以二者缺一不可。

餐巾同样也有着悠久的历史，在《周礼》中就记载了周朝设置"幂人"专管用毛巾覆盖食物。这种用以覆盖食物的毛巾，可以说是世界上最早的餐巾。到了清代，皇帝用餐时使用的是一种称为"怀挂"的餐巾。"怀挂"十分别致，比一般的西方餐巾要华贵得多，它用明黄绸缎绣制而成，绣工精细，花纹别致，上面还绣有福寿吉祥图案。"怀挂"使用起来十分方便，它的一角还有扣绊，就餐时直接可以套在衣扣上。在西方国家，餐巾的作用同样是为了在进食过程中擦嘴或擦手而产生的。

二、宴会的历史

宴会又称为宴席、酒宴，在古代又有筵席、燕饮、筵宴等说法。对于宴会的定义可谓是五花八门，综合起来看，宴会是为了实现社会交往的目的，以一定标准和规格的酒水、菜肴搭配相应的礼仪和服务来款待宾客的一种用餐方式。东汉《说文解字》有写"宴，安也"，意思是宴会的本意是让客人"安逸""安闲"。

在中国，最早的宴会历史追溯到夏商周时期，宴会经常与祭祀活动联系在一起。例如，我们熟悉的后母戊鼎（又名司母戊鼎）、四羊方尊等国宝文物都是这一时期祭祀宴会用于盛放肉类和酒的器皿。

【知识链接】

司母戊鼎是中国商代后期商王为祭祀其母所铸造的青铜方鼎，1939 年 3 月出土于河南省安阳市侯家庄武官村，先后存放于安阳县政府、南京博物院，现存于中国历史博物馆。司母戊鼎重 832.84 千克，高 133 厘米，口长 110 厘米，宽 78 厘米，足高 46 厘米，壁厚 6 厘米，口沿宽厚，轮廓方直，立耳、方腹、四足中空，是殷墟考古发掘以来出土的最大最重的青铜器。鼎身纹饰美观庄重，工艺精致，除鼎身四面中央是无纹饰的长方形外，其余各处皆有纹饰。鼎身四周以细密的云雷纹为底纹，其上铸有盘龙纹和饕餮纹。盘龙纹细致精巧，饕餮纹生动威武，四面交接之处，则饰以扉棱，扉棱上为牛首，下为饕餮。鼎耳外廓纹有两只猛虎，虎口相对，两虎口含人头，鼎耳侧面饰以鱼纹。鼎足之处三道弦纹之上各施以兽面。整个司母戊鼎的造型、纹饰、工艺均达到了极高的水平，是商代青铜器文化巅峰之作的典型代表。

鼎的内腹部铸有"司母戊"三字，也有人释作"后母戊"，应是商王祖庚或祖甲为祭祀其母所铸。鼎身和鼎足为整体铸成，鼎耳为之后浇铸的。铸造这样巨大的青铜器，需要两三百人用七八十斤（1 斤 =0.5 千克）重的"将军盔"（即商代炼铜用的坩埚），协同合作才能制成。所需金属原料当在 1 000 千克以上，且必须有较大的熔炉。如此精致的铸造技术和庞大的铸造规模，充分显示出商代青铜铸造业的生产规模和技术水平。

司母戊鼎

（资料来源：安阳殷墟管委会网站）

【知识链接】

四羊青铜方尊，在现存商代青铜方尊之中体型最大。造型雄奇，肩部、腹部与足部作为一体被巧妙地设计成四只卷角羊，各据一隅，在庄静中突出动感，匠心独运。整器花纹精美，线条光洁刚劲。通体以细密云雷纹为地，颈部饰由夔龙纹组成的蕉叶纹与带状饕餮纹，肩上饰四条高浮雕式盘龙，羊前身饰长冠鸟纹，圈足饰夔龙纹。方尊边角及各面中心线，均置耸起的扉棱，既用以掩盖合范痕迹，又可改善器物边角的单调，增强了造型气势，浑然一体。

此器采用了圆雕与浮雕相结合的装饰手法，将四羊与器身巧妙地结合为一体，使原本造型死板的器物，变得十分生动，将器用与动物造型有机地结合成一体，并善于把握平面纹饰与立体雕塑之间的处理，达到了技术与艺术的完美结合。出土器物的湖南洞庭湖周围地区在商代是三苗活动区，在此地发现造型与中原近似的铜尊，表明商文化的影响已远及长江以南的地区。

四羊青铜方尊

（资料来源：中国国家博物馆网站）

到了春秋战国时期，宴会的"礼"的思想更加凸显，我们现在流行的"席次""入席"等理念就来源于这个时期。《论语》曰："席不正，不坐；割不正，不食。"体现了孔子对于宴席座次礼仪和菜品的要求。可见古人对于宴会的重视程度已经不亚于现代。

到了秦汉和魏晋南北朝时期，随着物质的丰富，尤其是酿酒技术的成熟和菜品的丰富，还有中国"士文化"的兴起，宴会成为文学家、士大夫们精神交流、文学创作的重要途径。例如，"竹林七贤"为了逃避官场黑暗，宁愿隐居山林，经常在山阳的一片竹林里喝酒、弹唱、下棋、画画、作诗。被称为"书圣"的王羲之在《兰亭集序》中描绘了晋朝文人曲水流觞的场景，为后人留下了宝贵的文化遗产。在这个时期皇家的宴会有了严格的规矩，对进退应对、席次高低的安排都有了尊卑之分，不可僭越。同时，"胡床"开始从西域进入中原地区，使人们不再席地而坐，改变了用餐的姿势与习惯。

到了隋唐五代时期，宴会的形态发生了巨大的变革。人们进餐的"合餐制"形式逐渐形成，因为这一时期，原来的"胡床"逐渐演变成了"高脚桌椅"，这种形式一直延续至今。在这个时期，宴会除了传统的就餐、饮酒外，更加注重娱乐活动。在故宫博物院珍藏的《韩熙载夜宴图》中，描绘了南唐时期宴会的"听乐、观舞、休息、清吹、送别"的场景。

【知识链接】

关于《韩熙载夜宴图》的创作缘由，有两种说法，《宣和画谱》记载：后主李煜欲重用韩熙载，又"颇闻其荒纵，然欲见樽俎灯烛间觥筹交错之态度不可得，乃命闳中夜至其第，窃窥之，目识心记，图绘以上之"。《五代史补》则说："韩熙载晚年生活荒纵，伪主知之，虽怒，以其大臣，不欲直指其过，因命待诏画为图以赐之，使其自愧，而熙载自知安然。"总之，此图是顾闳中奉诏而画，据载，周文矩也曾作《韩熙载夜宴图》，元代时两者尚存，今仅存顾本。

作品如实地再现了南唐大臣韩熙载夜宴宾客的历史情景，既细致地描绘了宴会上弹丝吹竹、清歌艳舞、主客糅杂、调笑欢乐的热闹场面，又深入地刻画了主人公超脱不羁、沉郁寡欢的复杂性格。全图共分为五个段落，首段"听乐"，韩熙载与状元郎粲坐床榻上，正倾听教坊副使李家明之妹弹琵琶，旁坐其兄，在场听乐宾客还有紫微朱铣、太常博士陈致雍、门生舒雅、家伎王屋山诸人；二段"观舞"，众人正在观看王屋山跳"六幺舞"，韩熙载亲擂"羯鼓"助兴，好友德明和尚不期而遇此景，尴尬地拱手背立；三段"暂歇"，韩熙载与家伎们坐床上休息，韩熙载正在净手；四段"清吹"，韩熙载解衣盘坐椅上，欣赏着五个歌女合奏；五段"散宴"，韩熙载手持鼓槌送别，尚有客人在与女伎调笑。全卷以连环画的形式表现各个情节，每段以屏风隔扇加以分隔，又巧妙地相互连接，场景显得统一完整。布局有起有伏，情节有张有弛，尤其人物神态刻画得栩栩如生，如"听乐"段状元郎粲的倾身细听动姿、李家明关注其妹的亲切目光、他人不由自主地合手和拍；"观舞"段王屋山娇小玲珑的身姿、德明和尚背身合掌低首而立的尴尬状等，传尽心曲，入木三分。最出色的还是主人公韩熙载的刻画，长髯、高帽的外形与文献记载均相吻合，举止、表情更显露出他复杂的内心。一方面，他在宴会上与宾客觥筹交错，不拘小节，如亲自击鼓为王屋山伴奏，敞胸露怀听女乐合奏，送别时任客人与家伎厮混，充分反映了他狂放不羁、纵情声色的处世态度和生活追求。另一方面又心不在焉、满怀忧郁，如擂鼓时双目凝视、面不露笑，听清吹时漫不经心，与对面侍女闲谈，这些情绪都揭示了他晚年失意、以酒色自污的心态。画家塑造的韩熙载，不仅形象逼真，具肖像画性质，而且对其内心挖掘深刻，性格立体化，可以说真实再现了这位历史人物的原貌。

作品的艺术水平也相当高超。造型准确精微，线条工细流畅，色彩绚丽清雅。不同物象的笔墨运用又富有变化，尤其敷色更加丰富、和谐，仕女的素妆艳服与男宾的青黑色衣衫形成鲜明对照。几案坐榻等深黑色家具沉厚古雅，仕女裙衫、帘幕、帐幔、枕席上的图案又绚烂多彩。不同色彩对比参差，交相辉映，使整体色调艳而不俗，绚中出素，呈现出高雅、素馨的格调。

韩熙载夜宴图

（资料来源：北京故宫博物院）

到了宋元明清时期，皇家宴会逐渐崇尚奢靡，玉液琼浆和山珍海味层出不穷。食材的选择丰富多元，烹调技艺也变得繁复。餐具的搭配更加精致讲究，无论是金器、银器还是最普通的筷子，都堪称艺术品。

在西方的宴会历史上，最早的宴会记载在公元2世纪前后。在古希腊时期，入席宾客都是相同地位的人在同桌，与我国春秋时期的礼仪一致；不同的是，那时候宴会都是男人参与，而且都是斜躺在躺椅上用餐。在罗马帝国时期，由于基督教的影响力大增，餐饮的内容和形式都发生了较大的改变，初步形成了西方国家的餐桌礼仪。在达·芬奇的名画《最后的晚餐》中，基督教的餐桌礼仪初步凸显。据说，由于最后的晚餐赴宴人数是13个人，因此西方的基督教徒们对于"13"这个数字比较忌讳。到了13世纪前后，宴会才逐渐从以前的斜躺进餐改为了坐式用餐。皇家宴会的服务由"典礼官"负责监督控制菜肴的顺序和分量。这一时期贵族的宴会菜品分量都十分充足，这是为了宴会结束后，可以将剩余的菜分发给穷人。到了罗马帝国灭亡时，欧洲的宴会组织工作变得精细和专业，对场所的布置、餐桌的摆放、座位的安排、宴会中节目的表演等都非常讲究，已经出现了"食谱""餐宴礼仪"等相关的规定。在这一时期，葡萄酒逐渐成为宴会餐桌上的重要角色，对餐饮业产生了重大影响，并一直持续至今。

到17世纪后半期，随着海上贸易与西方殖民地的发展，可可、咖啡、茶成为欧洲餐饮业的重要组成部分。在中世纪结束后，法国的宴会对欧洲影响很大，尤其是在法国大革命之后，随着法国王室的瓦解和贵族的没落，原先在宫廷中负责宴会的专业人员被新兴资产阶级重新吸纳，随着资产阶级的发展，法国餐饮文化对全世界的餐饮方式也产生了重要的影响。

三、历史上著名的宴会

（一）千叟宴

"千叟宴"起源于康熙五十二年（1713 年），起初是庆祝康熙皇帝六十寿诞而举办的盛典，宴请天下老者来京师为自己庆祝寿辰。乾隆年间，曾两度于乾清宫举行千叟宴，规模更为宏大，与宴者竟达 3 000 人，因赴宴者均为老人，故称为千叟宴。千叟宴的举行，反映了清代所提倡的"养老尊贤""八孝出悌"和优老政策，是清朝统治者在政治上笼络民心的体现，有维护朝廷统治的作用。康熙年间的"千叟宴"最为年长的是一位百岁老人郭钟岳，据说已有 141 岁高龄，可谓是德高望重。乾隆与纪晓岚还为其做了一个千古名对"花甲重开，外加三七岁月；古稀双庆，内多一个春秋"。花甲重开，两个花甲就是一百二十岁，三七岁月二十一年，加起来正好是一百四十一岁；古稀双庆，两位古稀老人就是一百四十岁，春去秋来又是一年光景，加起来也是一百四十一岁。

（二）鸿门宴

鸿门宴指在公元前 206 年于秦朝都城咸阳郊外的鸿门（今陕西省西安市临潼区新丰镇鸿门堡村）举行的一次宴会。秦朝灭亡后，项羽在鸿门设宴准备灭掉刘邦。宴会上，亚父范增令项庄起身舞剑借机刺杀刘邦，而刘邦的亲家项伯则起身舞剑护住刘邦。由于项羽犹豫不决，刘邦得以逃脱。司马迁的《史记》中详细记载了鸿门宴的故事，情节跌宕起伏，形象生动鲜明，组织周密严谨，语言精练优美。鸿门宴之后，刘邦与项羽争夺天下，项羽最终在乌江自刎。后人也常用"鸿门宴"一词比喻不怀好意的宴会，鸿门宴的影响延续至今。

（三）兰亭宴

东晋永和九年春，王羲之邀请了 41 位亲朋好友，在会稽郡山阴县（今浙江绍兴）兰亭聚会宴咏。有 26 人作诗，一共写了 35 首。王羲之乘兴而书一篇序，即《兰亭集序》，记述流觞曲水一事，并抒写由此而引发的内心感慨。王羲之就是晋代书法的杰出代表，后世尊为"书圣"，其《兰亭序》法帖也被尊崇为"天下第一行草"。据传，唐太宗李世民痴迷王羲之书法，曾三次向王羲之第七代传人僧智永的弟子辩才索要《兰亭序》，均被一再矢口否认。唐太宗无奈派监察御史萧翼乔装潦倒书生，与辩才结成忘年交，取得他的信任，然后趁辩才不备，偷取《兰亭序》，回长安复命。相传，唐代画家阎立本根据这个故事，画出了《萧翼赚兰亭图》。无论是《兰亭集序》还是后来的《萧翼赚兰亭图》，都是我国艺术史上的瑰宝。可见小小的兰亭宴承载了多少的历史故事。

（四）韩熙载夜宴

韩熙载，北海人（今山东省青州市），五代十国南唐名臣。南唐后主李煜即位后，任命韩熙载为吏部侍郎，韩熙载有很高的文学造诣，颇有抱负，然而朝廷内部相互挤压，在政治上郁郁不得志，于是生活上奢靡放荡，纵情声色，经常在家中夜宴宾客。有人

说韩熙载每晚都召集大臣在家聚会，有结党营私的企图。李煜遂派御用画家夜探韩府，回来后绘制了《韩熙载夜宴图》。该画详细描绘了歌舞升平的宴会场面。李煜看后消除了戒心。目前《韩熙载夜宴图》收藏于北京故宫博物院。

（五）杯酒释兵权宴

建隆二年（公元961年）七月初九，晚朝时，宋太祖把石守信等禁军高级将领留下喝酒，酒兴正浓时，宋太祖突然屏退侍从。他叹了一口气，说："我若不是靠你们出力，是到不了这个地位的，为此我从内心一直念及你们的功德。然而，当天子太过艰难，还不如做节度使快乐，我整个夜晚都不敢安枕而卧啊！"石守信等人惊骇地忙问其故，宋太祖继续说："这不难知道，我这个皇帝位谁不想要呢？"石守信等人听了，知道话中有话，连忙叩头说："陛下何出此言，天命已定，谁还敢有异心呢？"宋太祖说："你们虽然无异心，然而你们的部下如果想要富贵，把黄袍加在你们的身上，你们即使不想当皇帝，到时候恐怕也是身不由己。"这些将领知道已经受到猜疑，弄不好还会引来杀身之祸，一时都惊恐地哭了起来。宋太祖缓缓说道："人生在世，像白驹过隙那样短促。你们不如放弃兵权，到地方去，多置良田美宅，为子孙立长远产业。同时，多买些歌姬，日夜饮酒相欢，以终天年，朕同你们再结为婚姻，君臣之间，两无猜疑，上下相安，这样不是很好吗？"石守信等人见宋太祖已把话讲得很明白，只得俯首听命，表示感谢太祖恩德。杯酒释兵权宴是宋太祖为加强中央集权，巩固统治所采取的一系列政治军事改革措施的开始，被视为历史上的宽和典范。

【知识链接】

《最后的晚餐》是达·芬奇历时3年为米兰格拉齐圣母修道院的餐厅所作的壁画，内容取材于《圣经》中犹大出卖耶稣的传说故事。传说，耶稣曾在耶路撒冷的神殿上猛烈抨击伪善的人，说他们是毒蛇的子孙，因此遭到这些人的极端仇视，他们决定处死耶稣。耶稣的门徒犹大在恶势力面前叛变，出卖了耶稣，在逾越节（犹太民族的主要节日）的晚上，耶稣已预知自己死期将至，和12个门徒共进晚餐。而《最后的晚餐》着重刻画的是耶稣门徒在听到耶稣说"你们中有一个人要出卖我了"的一刹那所表露出来的不同的神色、表情和反应。《最后的晚餐》的构图并不复杂，基本是一条直线上穿插变化，但单纯中见丰富才是这幅画的难能可贵。特别是巧妙的构图和独具匠心的布局，使画面上的厅堂与生活中的饭厅建筑结构紧密联结在一起，使观画者感觉画中的情景似乎就发生在眼前。而且，画家不是照搬生活中围坐就餐的布局，而是让人物一字排开，都坐在桌子一边，面向观众。这一创造性构图，使画面更加集中，更加完美，更具有形式美，并且起到了突出主题的作用。画中的13个人物有机地结合在一起，既有区别又有紧密联系，既突出了耶稣的主要形象，又层次分明地刻画出每一个人的外貌和性格特征。在空间及远近法的处理上，画家巧妙又精确地运用了透视法则，把一切透视都集中在耶稣头上，在视觉上使他成为统辖全局的中心人物。在光和影的处理上也颇新颖，他利用建筑物的光源，耶稣背后窗口透进来的阳光，使耶稣和众门徒沐浴在夕阳的余晖下，照在耶稣头上形成了自然的圣光，而使犹大的脸部处在黑暗的阴影之中，以此来表示正义与邪恶的势不两立。这幅宏大的壁画，严整、均衡而富于变化，整体上看构思精巧，情节紧凑，典型人物塑造得逼真、生动，表现手法极为高超，体现了画家精湛的绘画才能。《最后的晚餐》具有极高的艺术价值，是世界美术宝库中最完美的典型杰作之一，是名副其实的艺术瑰宝。

任务二　宴会的类型

一、按照宴会的菜式分

（一）中式宴会

中式宴会顾名思义就是宴会的菜品、酒水以中式为主，使用中国餐具，并按照中国传统服务礼仪和程序进行服务的宴会。目前我国的大多数宴会都是中式宴会，反映了中华民族传统文化的特质。我国幅员辽阔，各地区的地理环境、自然气候、物产以及人民的生活习惯都不尽相同，因此各地区、各民族的菜肴风格都各具特色。长期以来，当地人民利用各种丰富多彩的特产，创造出了多种多样的具有地方风味特点的和与之相适应的烹调方法，从而形成了各种地方菜。除了耳熟能详的八大菜系外，目前我国不同风味流派有20多种，各式风味名菜有5 000余种，为中式宴会的菜品提供了丰富的选择。

在宴会用酒上，中式宴会以中国白酒、黄酒、啤酒为主。在浙江、上海、安徽等江南水乡，黄酒的饮用量要远远高于其他地区，因为这些地区是黄酒的主产地。白酒是中式宴会上不可或缺的酒水，根据地域和饮用习惯不同，有清香型、浓香型、酱香型、米香型、凤香型等几大香型，如川渝地区多饮用浓香型，贵州地区多饮用酱香型。随着改革开放的深入，葡萄酒也逐渐走进中式宴会的餐桌，最早是从沿海地区开始，近几年中西部地区的宴会也逐渐开始使用葡萄酒，因为它度数低、不易醉，能够让不胜酒量的女士也参与到宴会觥筹交错中来，于是逐渐受到人们的欢迎。无论是白酒还是葡萄酒，酒水是评价中式宴会的重要指标，因此在预算充裕的情况下要优先保障高品质的酒水。

中式宴会使用的是圆桌，配筷子、汤匙、吃碗等中国传统餐具。圆桌象征着团圆、和谐。一般直径为150厘米的圆桌，每桌可坐8人左右；直径为180厘米的圆桌，每桌可坐10人左右；直径为200~220厘米的圆桌，可坐12~14人。如主桌人数较多，可

安放特大圆台，每桌坐 20 人左右。直径超过 180 厘米的圆台，应安放转台；不宜放转台的特大圆台，可在桌中间铺设鲜花。在餐具方面，近年来随着疫情影响及人们对卫生要求的增加，"公筷""公勺"逐渐成为中式宴会的标准配置，在传统的每人一双筷子和一只汤勺的基础上，增加了一双不同颜色的公筷和一只不同颜色的汤勺。

上菜程序也是传统的"合餐制"。其实在古代，中国采用"分餐制"，大家席地而坐，一人一张小桌子，直到唐宋时期，随着高足家具的流行和炒菜的大量出现，才变成了现在的合餐制。高足家具使人们可以垂足而坐，且家具比较沉重不易移动，人们就在专门的饭桌吃饭。炒菜要热的才能保持好的口感，分餐会让温度很快降低且失去美味的口感。

服务人员着传统旗袍或改良款的民族服饰等。在大型国宴或正式宴会，服务人员都是穿着中式服装进行服务。一般女士穿着旗袍，男士穿着中山装。虽然这两款服饰都是民国时期才出现，但是已经成为中华民族的一个重要代表和象征。

（二）西式宴会

西式宴会以西餐菜品和葡萄酒为主，使用刀、叉、匙进餐，并按照"位上"的方式，餐桌为方桌或长方形桌。环境布局、厅堂风格、台面设计、餐具用品、音乐伴餐等都突出西式风格。用餐采用"分餐制"。

不同国家的西餐菜品有各自的特色。法国人一向以善于吃并精于吃而闻名，法式大餐至今仍名列世界西菜之首。法式菜素以技术精湛著称于世，是西餐菜式的代表。选料时力求新鲜精细，且较广泛，蜗牛、马兰、百合等均可入菜；在烹调加工时讲究急火速烹，以"半熟鲜嫩"为菜肴特色，如牛、羊肉只烹至五六成熟，烤鸭仅三四成熟即可食用。名菜主要有鹅肝酱、法式洋葱汤、焗蜗牛、马赛鱼羹、巴黎龙虾、鸡肝牛排等。

英式菜选料多样，口味清淡。选料时多选用肉类、海鲜和蔬菜，烹调上讲究鲜嫩和原汁原味，所以较少用油、调味品和酒，盐、胡椒、酱油、醋、芥末、番茄酱等调味品大多放在餐桌上由客人自己选用。选料注重海鲜及各式蔬菜，菜量要求少而精。英式菜肴的烹调方法多以煮、蒸、熏、炸见长。英式名菜主要有土豆烩牛肉、薯烩羊肉、鸡丁沙拉、烤羊马鞍、烤大虾等。

美国人对饮食要求并不高，只要营养、快捷，要求原汁鲜味，讲究营养搭配、清淡不腻、咸中带甜，喜用水果和蔬菜作原料来烹制菜肴，如苹果、葡萄、梨、菠萝、橘子、芹菜、番茄、生菜、土豆等。美式名菜主要有烤火鸡、蛤蜊浓汤、丁香火腿、美式牛扒、苹果沙拉等。各种派是美式食品的主打菜品。

在酒水上，西式宴会主要以葡萄酒为主，包括红葡萄酒、白葡萄酒和起泡酒。虽然白兰地和威士忌等烈性酒也是西方国家的酒水，但是在宴会上很少用于佐餐。西餐十分注重餐酒搭配，尤其是对于主菜和佐餐酒的搭配，是体现宴会组织者水平和诚意的标志。

在用餐环境上，西式宴会以安静、典雅为主，一般都有音乐伴奏助兴。

（三）中西合璧宴会

近年来，"中菜西吃"逐渐成为热门，区别于圆桌桌餐的大盘供应，宾客采用自取的方式。如果宴会的人数过多，或者桌形状属于长桌，采用传统中餐大盘上菜宾客自取的形式就不方便。

"中菜西吃"，宾客享用的是中式传统菜肴，但是菜品的道数、供应上桌的秩序、餐具摆放的方式，主要采用西式宴会餐桌的供应方法和服务方式。先在厨房将中式菜肴烹制完毕后分别装盘，加上盘饰，由外场服务人员端送至每位宾客的桌上，即采用西餐"位上"的方式，每道菜依次上桌，吃完撤盘后再上下一道菜。当然在菜品的选择和烹饪方法上，要结合"分餐制"的特点，不能选用不方便分菜的菜品。

上菜顺序也采用西餐的前菜（开胃菜）、汤品、主菜、鱼或海鲜、水果、甜点、茶或咖啡。这样的顺序减少了传统中餐菜品的道数，也减少了用餐时间，提高了每道菜的精致程度。

二、按照宴会的规格和隆重程度分

（一）正式宴会

在国际官方的宴会中，不挂国旗也不演奏国歌，也可称为"官宴"。正式的官宴有时也会安排乐队演奏，座位的礼宾次序也很讲究。目前在许多国家，正式宴会仍有其严谨性与正式性，对宾客出席的服装也颇有要求。就正式宴会的功能来看，尤其当今国际互访与交流频繁，即便是元首来访，地主国也多以正式宴会的层级来接待，具有相当高的礼宾规格。这种规格的宴会如果是在中午举行，便称为"正式午宴"。至于民间的宴会，如果正式以书面（请柬或邀请卡）邀请宾客，也有详细进行的程序并准备精美的菜肴，甚至有节目表演或音乐演奏，也可称为正式宴会。

正式宴会的形式，除了常见的餐桌服务式宴会外，冷餐会、鸡尾酒会、茶话会等也是常见的形式。

（二）便宴（含工作餐会）

便宴的规模与严谨性比正式的宴会稍低，在中午举行的称为午间便宴，在晚上举行的称为晚间便宴。这类宴会形式较小且简便，也没有安排致辞，气氛比较随意亲切，对菜品的数量无严格要求，供应的菜肴道数也可酌减，菜单设计随客人要求而定。

三、按照宴会的主题和性质分

（一）国宴

国宴是国家元首或政府首脑为国家重大庆典，或为外国元首、政府首脑到访而举行的正式宴会。这是接待规格最高、礼仪最隆重的一种宴会形式。当然，接待规格最高并非指宴会的价格档次最高，而是指参加宴会的人员其公职身份、地位最高，因为国宴由国家元首或政府首脑主持，被宴请的对象主要是其他国家元首或政府首脑，同时可能还有其他高级领导人和社会各界名流出席作陪。国宴的政治性强，礼仪礼节特殊而隆重。由于主持人和被宴请者分别代表不同的国家，从而使宴会带有强烈的政治氛围，因此国宴的礼仪礼节和整体设计要体现主办国民族的自尊、自信和热情好客的风尚，国家独立自主的尊严以及高度的精神文明，同时又要体现国家与国家之间平等尊重、友好合作的时代主题。宴会礼仪礼节要求严格，接待安排细致周密，无论是出席宴会的宾客和主持人，还是负责接待的宴会工作人员，都必须以庄重、得体的举止出现在宴会上。

国际上对国宴的认定，并非"国家元首"宴请"国家元首"的宴会都可称为"国宴"，而是邦交国元首前往地主国的访问层级，必须定义为"国事访问"。国事访问通常会以军礼迎接，并且在对方元首到访的当天或是隔天晚上，举行"国宴"来欢迎国宾。国宴中的宴会场地一定会悬挂或放置两国国旗，并且演奏两国的国歌，也会安排双方元首致辞与敬酒，像这样具有高度仪式感与高层级的宴会，才能称为"国宴"。

（二）公务宴会

公务宴会主要是指国家政府机关、企事业单位等为了工作上的交流合作、祝贺纪念等重大公务接待而举行的宴会。赴宴人员宾主双方的接待规格、人员数量、接待标准都要根据规定执行。地方政府机关举行的公务宴会，通常菜肴设计以地方菜和时令菜为主，宴会设计要突出当地的特点和文化风貌。

（三）商务宴会

商务宴会主要是指各类企业和营利性机构或组织为了一定的商务目的而举行的宴会。商务宴请的目的十分广泛，既可以是各企业或组织之间为了建立业务关系、增进了解或达成某种协议而举行，也可以是企业或组织与个人之间为了交流商业信息、加强沟通与合作或达成某种共识而进行。随着我国社会主义市场经济的发展，商务宴会已成为酒店与餐饮企业的主营业务之一。商务宴请的目的和性质决定了宴会的程序与普通宴会的程序有所不同。宾主之间往往边吃边洽谈，因此服务人员要及时与厨房沟通，控制好上菜节奏。商务宴请已经成为现代商业活动的一个组成部分。商务宴会设计、组织及实施的成功与否，不仅关系到承办餐饮企业的经济效益与声誉，同时也对宴请双方的商务活动有着重要的影响。一个成功的商务宴会可能会给宴请双方带来成功的商业合作；相反，一个设计失败的商务宴会可能会使宴请双方的合作中断，并给双方造成较大的经济损失。

（四）家庭宴会

家庭宴会主要是以家庭或朋友之间的情感交流为主题的宴会，与工作和商务无关，宴会主办者和被宴请者均以私人身份出现。人与人之间情感交流十分复杂，涉及人们日常生活的各个方面。我国传统文化深厚，人们对于家庭宴会的重视程度根深蒂固，家庭宴会的主题多种多样，如亲朋相聚、洗尘接风、红白喜事、乔迁之喜、周年志庆、添丁祝寿、逢年过节等，尤其在饮食文化相当发达的今天，宴会已经成为饮食文化的重要表现形式。人们可以有各种理由举办宴会，也可以通过宴会来表达各自的思想感情和精神寄托。对于餐饮企业来说，家庭宴会中的婚宴、寿宴、生日宴、年夜饭等已经逐渐成为业务中的重要组成部分。在这类宴会设计和服务过程中，要尊重个性、突出情感以及个性化服务。

四、按照宴会的形式分

（一）餐桌服务式宴会

餐桌服务式宴会是常见的一种形式，就餐环境提前布置，有完善的装饰、灯光、音乐、台面设计等烘托氛围，采用定制或高档餐具。客人按身份有严格的座位礼仪。菜品酒水规格较高，且遵循相应的数量和上菜顺序。服务员提供全套的餐桌服务，礼仪和服务程序都要求严格。

（二）冷餐会

冷餐会是自助式宴会的一种，举办规模、布局可根据实际场地、客人数量等情况调整，比较灵活。冷餐会菜品以冷食为主，也可备少量热菜，菜品和酒水都摆放在餐桌上，供客人自取。席间不安排席位，客人们站立用餐，方便相互走动沟通交流。如果冷餐会上主要以鸡尾酒或其他饮料为主，则可演变为鸡尾酒会。

（三）茶话会

茶话会是我国一种特有的宴会形式，是以饮茶、吃点心、观看文艺表演为主的宴会，是一种简单、热烈、气氛随和的招待形式。场地、设施要求比较简单，通常在多功能厅或会议厅举行，设圆桌或方桌、座椅、舞台、讲话台等必要设施。在座位安排上，可参照会议座次或用餐座次突出主桌和主位。茶话会上一般会有与会者发言、交流，会安排文艺节目。茶话会以饮茶为主，不设酒类，备有少量精致的茶点、水果。近年来，茶话会成为一种简朴务实的时尚，政府每年举行新春茶话会，其他组织机构也将茶话会作为一种重要的交流形式流行开来。

【行业资讯】
《党政机关国内公务接待管理规定》节选

第三条　国内公务接待应当坚持有利公务、务实节俭、严格标准、简化礼仪、高效透明、尊重少数民族风俗习惯的原则。

第五条　各级党政机关应当加强公务外出计划管理，科学安排和严格控制外出的时间、内容、路线、频率、人员数量，禁止异地部门间没有特别需要的一般性学习交流、考察调研，禁止重复性考察，禁止以各种名义和方式变相旅游，禁止违反规定到风景名胜区举办会议和活动。

公务外出确需接待的，派出单位应当向接待单位发出公函，告知内容、行程和人员。

第六条　接待单位应当严格控制国内公务接待范围，不得用公款报销或者支付应由个人负担的费用。

国家工作人员不得要求将休假、探亲、旅游等活动纳入国内公务接待范围。

第七条　接待单位应当根据规定的接待范围，严格接待审批控制，对能够合并的公务接待统筹安排。无公函的公务活动和来访人员一律不予接待。

公务活动结束后，接待单位应当如实填写接待清单，并由相关负责人审签。接待清单包括接待对象的单位、姓名、职务和公务活动项目、时间、场所、费用等内容。

第八条　国内公务接待不得在机场、车站、码头和辖区边界组织迎送活动，不得跨地区迎送，不得张贴悬挂标语横幅，不得安排群众迎送，不得铺设迎宾地毯；地区、部门主要负责人不得参加迎送。严格控制陪同人数，不得层层多人陪同。

接待单位安排的活动场所、活动项目和活动方式，应当有利于公务活动开展。安排外出考察调研的，应当深入基层、深入群众，不得走过场、搞形式主义。

第九条　接待住宿应当严格执行差旅、会议管理的有关规定，在定点饭店或者机关内部接待场所安排，执行协议价格。出差人员住宿费应当回本单位凭据报销，与会人员住宿费按会议费管理有关规定执行。

住宿用房以标准间为主，接待省部级干部可以安排普通套间。接待单位不得超标准安排接待住房，不得额外配发洗漱用品。

第十条　接待对象应当按照规定标准自行用餐。确因工作需要，接待单位可以安排工作餐一次，并严格控制陪餐人数。接待对象在10人以内的，陪餐人数不得超过3人；超过10人的，不得超过接待对象人数的三分之一。

工作餐应当供应家常菜，不得提供鱼翅、燕窝等高档菜肴和用野生保护动物制作的菜肴，不得提供香烟和高档酒水，不得使用私人会所、高消费餐饮场所。

第十三条　县级以上地方党委、政府应当根据当地经济发展水平、市场价格等实际情况，按照当地会议用餐标准制定本级国内公务接待工作餐开支标准，并定期进行调整。接待住宿应当按照差旅费管理有关规定，执行接待对象在当地的差旅住宿费标准。接待开支标准应当报上一级党政机关公务接待管理部门、财政部门备案。

第十四条　接待费报销凭证应当包括财务票据、派出单位公函和接待清单。

接待费资金支付应当严格按照国库集中支付制度和公务卡管理有关规定执行。具备条件的地方应当采用银行转账或者公务卡方式结算，不得以现金方式支付。

第十六条 接待单位不得超标准接待，不得组织旅游和与公务活动无关的参观，不得组织到营业性娱乐、健身场所活动，不得安排专场文艺演出，不得以任何名义赠送礼金、有价证券、纪念品和土特产品等。

【项目小结】

本项目讲解了中外宴会的发展历史，列举了中国历史上著名的几个宴会故事，让读者能感受宴会文化的博大精深。同时对目前市场上常见的宴会进行了分类，让读者对宴会有一个整体的结构认识。

【项目练习】

1.通过网络，搜集一个国宴或者高档宴席的菜单和餐具，并对其从艺术、功能等方面进行分析，利用PPT形式进行展示。

2.请调查当地或者家乡最受客人欢迎的主题宴会是什么，并进行介绍。

项目二
宴会场景与环境设计

》 学习目标

• 掌握宴会场景设计的原则，能够对不同类型的宴会场景与环境进行评价。
• 能够根据宴会的需求和类型进行声光、物品、菜单的选择和设计。

》 知识点

宴会场景设计原则；宴会氛围设计；宴会物品选择；宴会菜单设计。

【案例导入】

人民大会堂的《江山如此多娇》

人民大会堂国家接待厅（金色大厅）是党和国家领导人接见外国政要和各国大使递交国书的重要场所，被称为人民大会堂"第一厅"。建于 1959 年的人民大会堂，不仅外观庄严雄伟，内部也富丽恢宏。被人民大会堂收藏的书法、国画等艺术珍品，皆出自大师之手，更是堪称经典。无论是大师画作、珍贵文物，还是精美工艺品，都有着深刻而美好的寓意。步入雄伟的人民大会堂，前往宴会厅的必经之路上，悬挂着一幅宽 9 米、高 6.5 米、面积约 50 平方米的巨幅山水画作，画作由毛泽东主席亲笔题名《江山如此多娇》。其中，一个"娇"字就有一米见方，更为壮观的是，把中华大地上几乎最能表现祖国壮丽山河，最能代表中华民族精神的景物艺术性地融会在一起。一幅画里包含了长城内外、黄河上下一年四季的风光，完美地诠释出毛泽东主席脍炙人口的诗词《沁园春·雪》中巍峨震撼的气魄。

这幅国画是由画家傅抱石、关山月联袂创作的鸿篇巨制，成为中国美术史上的经典之作。当时两位画家深知人民大会堂是党和国家领导人接见外宾的重要场所，自己肩负的责任重大，因此，精心构思，反复研究。同时，创作也得到了其他相关部门和单位的鼎力支持。纸张是从故宫特批调出的乾隆年间铜钱般厚度的古宣纸；绘画使用的都是超出常规尺寸的特殊用具，荣宝斋从工具的置办，到古墨和优质颜料的准备，甚至连研磨都派专人负责协办。

画面上毛主席的题词是当时中央工艺美院张光宇教授从毛主席所写的四个条幅中择优组合后请专人放大描摹的。画面上不仅集中了最能表现祖国壮丽河山的景物，如苍劲青松、雄浑山岩、莽莽平原、绵绵雪岭，长江、黄河的奔腾倾泻，珠穆朗玛峰的横空出世，而且突破了时空限制，近景江南草木葱茏，与远景北国冰山雪岭错落布局、交相辉映，营造出云开雪霁、旭日东升、神州大地分外妖娆的意境。他们认为，像这样在一个画面上同时出现太阳和白雪，同时出现春夏秋冬不同季节，同时出现东西南北的地域，与优秀绘画传统是契合的，以往就有四季山水或四季花鸟合为一图的佳作，借以表示礼赞之意，象征中华民族历史文化的悠久辉煌和新中国前程的光明灿烂。

（资料来源：中国书画网）

任务一　宴会场地安全与氛围设计

一、宴会场地设计的原则

宴会场地设计是按照宴会的特性和餐饮美学、人体工程学、环境心理学等基本原理对宴会场所的空间、色彩、灯光、音响、空气质量、温度与湿度、陈设布置、绿化等因素所进行的整体规划与管理。宴会场地设计不仅是一个美学概念，同时还包括宴会厅房的合理性、经济性、创造性、适应性等概念。

宴会场地设计工作综合了科学技术和工艺美术的室内设计，强调的是科技与艺术的相互渗透，强调人与空间、人与物、空间与空间、物与场、物与物之间的相互关系，强调现代科技、材料和工艺的综合应用效果，强调宏观和微观效果的结合，突出体现

餐厅的主题和文化内涵，最终是为了实现餐厅宴会接待服务的功能，为客人提供满意的用餐环境和服务。

无论是中餐宴会，还是西餐宴会，无论宴会地点的风格是宫殿式、园林式、民族风、现代式，还是特色主题风格，不同的宴会场景设计都应该注意以下原则。

（一）始终保证安全和卫生

根据《中华人民共和国消费者权益保护法》第七条的规定，消费者在购买、使用商品和接受服务时享有人身、财产安全不受损害的权利。消费者有权要求经营者提供的商品和服务符合保障人身、财产安全的要求。因此，我们在设计场地时，首先要考虑包括客人、员工在内的安全问题，营造安全的用餐环境，保证客人与员工的人身财产安全、消防安全、建筑装饰及场地安全等。保证用餐区内宾客、员工的正常流动，如设置安全通道用于宾客疏散。家具和石材、木材等装修材料必须使用环保材质，减少污染，形成良好的空间环境。吊灯、灯罩要牢固，墙面挂件要可靠，地砖不能打滑。

在满足安全要求之后，还要时刻保证宴会场地和物品的清洁卫生，场地内窗明几净，家具一尘不染，地面光洁明亮，厅内装饰与陈设布局整齐和谐、井然有序、格调高雅；餐具洁净，没有水迹和指痕；员工服饰干净，做好手部、脸部清洁等。这会让客人在感官上产生舒适感、惬意感、愉悦感与美感。

（二）根据需求突出主题

随着人们生活水平的提高，对宴会的审美需求、文化需求也越来越高，越来越多的宴会都是以主题宴会的形式进行，本书将对不同宴会的主题进行设计。如婚宴场景设计，要求气氛喜庆祥和、热烈隆重，环境布置要喜庆、热闹，色彩以中国红为主色，通过大红"囍"字、龙凤呈祥雕刻、鸳鸯戏水图等布置起到画龙点睛、渲染气氛、强化主题的作用。因为宴会形式不一，有些宴会需要豪华的装饰与布置（如婚宴、庆功宴等），可根据顾客要求，增设舞台、红地毯、花卉、气球、灯光、特效、乐团、背景等，以营造出宴会的华丽气氛。

（三）全过程让客人感到舒适愉悦

正所谓"秀色可餐"，只有环境让人愉悦，客人才能有更好的食欲。宴会厅力求营造安静轻松、舒适愉悦的环境氛围，给人以舒适惬意感，以颐养性情、松弛神经、消除疲劳、增进食欲。

在视觉上，要给客人呈现宽敞明亮的场景，宴会厅空间宽敞，有足够的挑高，各种设施设备的造型、结构必须符合人体构造规律，形态美观，色彩和谐。场地内外灯光明亮，造型美观，所见之处环境清洁卫生。

在听觉上，要给客人提供优雅安静的环境，杜绝周围的环境噪声，适当地增加背景音乐，内容符合宴会主题。

在嗅觉上，要给客人提供淡雅的香味。首先是杜绝各种异味，重点搞好公共卫生间、厨房、下水道、垃圾桶等处的清洁卫生。其次保持空气清新，略带香味，可以喷洒空气清新剂，多布置一些绿植，让鲜花的新鲜香气为客人提供舒适的嗅觉体验。

在触觉上，为客人提供宽松柔软的体验。宴会厅内外空间宽敞，尤其是走道宽度充足，便于顾客站、坐、行；餐桌、座位摆放适宜，如过密、拥挤，则会使人感到不舒服；室温适宜，符合人体要求；客人使用的家具尽可能采用柔软舒适的皮或者棉质品，让人产生舒适感。

（四）能为服务工作提供便捷

宴会场地环境布置不仅要注重外表美观新颖，更要保证实用性与功能性。宴会厅空间要既宽敞舒适，又经济实用。在固定的空间下，要最大限度地提高利用率。设计时，在处理人与物之间的关系上，要以人的需求为主。如宴会厅餐桌之间的距离要适当，以方便客人进餐、敬酒和员工穿行服务。一些宴会设置有签名、派发伴手礼、领导致辞等环节，在相关物品的设置上不能给服务工作和客人的用餐带来麻烦。

（五）各种要素相互和谐

宴会的场地设计就像人穿衣搭配一样，讲究总体和谐。整体空间设计与布局规划要做到统筹兼顾、合理安排，注意全局与部分之间的和谐、均匀、对称，体现出浓郁的风格情调。酒店的形象设计如名称、标识、标语、文字、标准色、广告文案等必须规范统一，宴会厅内部的空间布局、装潢风格与外观造型、门面设计、橱窗布置、招牌设计要内外呼应、浑然一体。内部各部分之间要格调一致，从房顶、墙面、地毯、灯具到壁画、挂件等艺术品的陈设要与经营特色协调。若有多个餐厅，则要有不同风格，以供客人选择，如大餐厅豪华高雅、富丽堂皇，小餐厅小巧玲珑、清静淡雅。就餐环境也应与宴席菜点协调，菜名、菜品造型、装饰、摆盘都要与周围环境交相呼应，相得益彰。

（六）体现文化内涵和艺术审美情趣

随着经济的发展，人们对于用餐的文化内涵要求越来越高，审美也逐渐提高。宴会设计人员要根据这一变化从环境布置、色彩搭配、灯光配置、饰品摆设等方面营造出自然天成、优雅别致的用餐环境，体现出酒店的文化内涵和艺术气质，树立酒店经营形象。现代宴会尤其注重宴会过程与文化艺术有机结合，如播放背景音乐，观看歌舞表演、杂技等，融食、乐、艺于一体，不仅提高了宴会的档次，而且让食客欣赏了艺术盛宴。

在用餐环境、用餐物品上，也应体现出文化内涵。以杭州 G20 峰会的国宴餐具来说，就是一套体现杭州文化的水墨丹青艺术作品，让客人们仿佛置身文化艺术殿堂之中。

宴会设计与服务

（七）宴会环境要体现环保和经济性

宴会环境的布置和设计，要时刻注重环保和经济性。作为企业要尽到可持续发展的社会责任，保护环境和生态。从经济的角度看要尽量用较少的投资获取最大的收益，使用费用较低且维修方便的设施设备，最大限度地利用自然光，采用风能、太阳能等，降低能源费用的同时保护环境。不使用一次性用品，不使用有毒有害的材质。

二、宴会场地安全设计

安全是经营的第一要务，也是客人作为消费者最大的权利。我们要时刻保障客人的人身和财产安全，宴会场地和环境设计的安全因素主要考虑以下内容。

（一）宴会场地消防安全

酒店和餐厅是消防事故多发场所，煤气、酒精等易燃易爆物品较多，一旦发生火灾，这些材料往往燃烧猛烈。一些装饰装修用的高分子材料、化纤聚合物在燃烧的同时还会释放大量有毒气体，给人员疏散和火灾扑救工作带来很大困难。酒店人员密集，人员流动性大，一些顾客由于对建筑物内环境、安全出口和消防设施等情况不熟悉，特别是住宿人员，对建筑内部通道不熟悉，一旦发生火灾，极易造成人员重大伤亡。此外，日常管理中，很多宾馆、饭店管理人员由于缺乏消防常识和防火意识，疏于防范，"人走灯不灭，人走火未熄"现象大有存在；电线私拉乱接、年久老化失修无人问津；电视、电脑、空调、饮水机等用电设备长时间处于通电或待机状态熟视无睹；违章使用明火，检修施工过程中焊割作业安全保护措施不到位等，都会导致火灾的发生。消防安全要时刻保持"预防为主"的思想，一旦火灾真正来临，就悔之晚矣。

（1）宴会场地建筑及设施设备材质要有防火功能。无论是门窗、电器管路、墙纸、沙发等固定建筑设施，还是宴会装饰物等都要考虑是否防火，使用阻燃材质，宴会厅内外要按照消防要求设置烟感、温感等探测装置及消防灭火系统，做到有备无患。

（2）时刻保持消防通道畅通。许多案例表明，重大的火灾伤亡事故与消防通道阻塞有关，消防通道有正压送风系统，有防火门阻隔，理论上可保证在有限的时间内成为一条保存生命的逃生通道。如果阻塞，后果不堪设想，酒店应加强对消防通道巡查的力度，防止杂物堵塞消防通道。

（3）定期进行员工培训及消防演练。新员工入职培训的一个必备课程就是消防知识，酒店还需对全体员工定期进行消防培训，组织消防演习。员工必须懂得基本消防知识，各种灭火器材的使用，火灾时各岗位的应对措施等。

（4）注重对消防设施设备、器材的维修保养。消防安全系统包括火灾自动报警系统、可燃气体泄漏报警系统、应急广播系统、电梯迫降系统、防火卷帘系统、防排烟系统、消防栓系统、自动喷淋系统、气体灭火系统、厨房灭火系统等。消防器材方面，有干粉灭火器、二氧化碳灭火器、灭火毯、防毒面具等。消防设置、器材维修保养是一个长期的过程。酒店可将所有的消防控制要点导入相应的管理系统，按时间要求自动提醒，完成维保和对消防器材的检查。管理层可通过报表定期查看消防设施、器材的维保情况，并进行抽查，以确保所有维保工作按时按质完成，设施设备功能完好，消防器材在有效使用期内。

（5）餐厅内不得乱拉临时电器线路，如需增添照明设备以及彩灯一类的装饰灯具，应按规定安装。餐厅内的装饰灯具，如果装饰件是由可燃材料制成的，其灯泡的功率不得超过 60 W，尽量采用 LED 等不发热光源。

（6）餐厅应根据结构设计摆放餐桌，留出足够的通道；通道及出入口必须保持通达畅通，不得堵塞，举行宴会和酒会之时，人员不应超出原设计的容量。

（7）如餐厅内需要点蜡烛增加气氛时，必须把蜡烛固定在不燃材料制作的基座内，并不得靠近易燃物。供应火锅的风味餐厅，必须加强对火炉的管理。尽量避免使用液化石油气炉、酒精炉、木炭炉等，最好使用固体酒精燃料，比较安全。宴会结束，餐厅服务员在收台时，不应将烟灰、火柴梗卷入台布内，避免发生火灾。

（8）对厨房内的燃气、燃油管道、阀门必须定期检查，防止泄漏。如发现燃气泄漏，首先关闭阀门，及时通风，严禁使用任何明火和启动电源开关。

（9）厨房灶具旁的墙壁、抽油烟罩等容易污染处应每天清洗，油烟管道清洗至少每半年一次。

（10）宴会工作结束后，厨房人员和宴会厅服务人员应及时关闭所有的燃气、燃油阀门，切断电源、火源，确保安全后方可离店。

（二）宴会场地食品安全

食品安全是餐饮企业全员、全过程、全方位的要求，包括原料采购、原材料处理、烹饪加工、服务等各个环节。宴会场地设计环节对食品安全的要求主要体现在场地环境卫生和物品选择等方面。

（1）宴会厅内要做到"凡是客人看得见的地方都要一尘不染"，做到"三光"（玻璃窗、玻璃台面、器具光亮）、"四洁"（桌子、椅子、四壁、陈设清洁），餐厅整洁雅净，空气清新，无蚊无蝇。最容易被人遗忘的卫生死角，要定期擦拭和清洗，不可疏忽。

（2）宴会厅内外地面无论采用何种材料都应保持洁净。大理石地面要每天清扫，定期打蜡上光；木地板地面除经常清扫、用干布擦外，还要定期除去旧蜡，上新蜡并磨光；地毯应每天吸尘，发现有汤汁污渍时，应立即用抹布蘸上洗涤剂和清水反复擦拭，直至干净为止。

（3）宴会厅墙壁应无尘、无污染，定期除尘，壁纸要定期用清水擦拭，保证清洁美观。

（4）门窗要保持窗明几净，每周应擦拭一次，使其无灰尘、污点，保持洁净明亮。

（5）餐桌、餐椅以及装饰物整齐干净，每餐用完后要及时清理，保持转盘干净明亮，无灰尘油腻。桌布要一餐一换，保持洁净。

（6）宴会厅休息室、配套卫生间有专人定期清扫，经常保持洁净，特别要保持盥洗室的清洁卫生与雅致。

（7）保持员工工作地点的室内外及四周环境清洁卫生，包括厨房、备餐室、储藏室及室外的日常卫生。

（8）保持公共场所包括前厅、走道、公共卫生间、绿化带、停车场等的卫生。搞好环境卫生必须做到"四定"：定人、定时间、定区域(定包干区域)、定质量(定期检查)。划片分工、包干负责，做到处处有人清洁，勤检查，保证时时清洁。

（9）餐具安全卫生。为保证餐具安全卫生，要配备专门的消毒设备，确保餐具件件消毒，完整安全，不能有缺口破损，以免损伤客人；要有数量足够的、可供周转的餐具。餐具要求一洗、二刷、三冲、四消毒，保证餐具无油腻、无污渍、无水迹、无细菌。所有餐具消毒以后都应放进卫生洁净的保洁柜中存放，以防二次污染。未经消毒或消毒不合格的餐具不可混放在一起，以免交叉污染。柜门必须封闭严密，开启灵活，内部光滑洁净，不可藏污垢。保洁柜最好为不锈钢制品。注意操作卫生，取拿餐具不可因手不干净或其他用品不干净而导致餐具受到二次污染。

（10）主题装饰物安全。宴会使用的主题装饰物要无毒无害，不可有易漂浮物品，以免混入菜品中对客人造成伤害。

（三）宴会场地设备安全

酒店内设施设备众多，许多设备都是客人直接接触和使用的，宴会场地内外的设备安全主要涉及以下方面。

（1）设备本身符合安全规定，如电梯、桌椅、空调等都要符合国家相关强制性要求，是正规厂家生产并且保养得当符合使用要求。

（2）设备不能"带病上岗"，尤其是锅炉、燃气灶、电梯等特种设备，一旦发生事故后果不堪设想。

（3）设备的安装符合安全要求，如吊灯、签名墙等设施设备要安装到位，不会掉下、垮塌，不会因为大风、客人倚靠等外力而损坏。

三、宴会氛围设计

（一）宴会场地氛围设计

宴会场地的氛围设计可分为外部氛围、内部氛围、有形氛围、无形氛围等类型，涵盖了空间、色彩、灯光、音响、空气质量、温度与湿度、陈设布置、绿化等因素。

所谓的外部氛围主要由宴会厅和餐厅所在的位置、名称、建筑风格、门厅设计、周围环境和停车场等构成。外部氛围设计要反映该酒店的种类、档次、经营特色，形成对顾客的吸引力。外部氛围要与内部氛围相辅相成，共同形成宴会厅的整体氛围。外部氛围通常在决策建造时由设计师、建筑师来完成，是"既定事实"，一般很难改变。

宴会厅的内部氛围指的是宴会厅在厅内的装潢陈设、家具选用、场地布置、餐台美化、花台布置、员工形象与服务设计等各种有形与无形氛围。内部氛围就是要营造一个舒适、优雅、整洁、方便的就餐环境，使顾客身心愉悦。内部氛围的营造比外部氛围的设计要具体、重要得多，是宴会氛围设计的核心部分。有形氛围是指客人感官能感受到的宴会厅的各种硬件条件，如宴会厅的位置、外观、景色、厅房构造、空间布局、内部装潢，以及光线、色彩、温度、湿度、气味、音响、家具、艺术品等多种因素，它依靠设计人员的精心设计与员工的精心维护和日常保养。有形氛围与季节、节假日、营销活动等有密切关系。如在端午节时，在宴会厅内外布置龙舟、粽子、艾草等物品，烘托节日气氛，增强宴会厅的吸引力。在有形氛围以外的无形氛围由员工的服务形象、服务态度、服务语言、服务礼仪、服务技能、服务效率与服务程序等构成，它是动态的宴会人际环境和文化环境，好的氛围能使客人心情愉悦、满意。员工服饰是酒店企业文化的重要组成部分，服饰要主题突出，充分展示企业形象和员工形象。

（二）空间设计

在设计宴会时，要确定好宴会所在的空间，包括空间结构大小、宴会厅布局、宴会厅动线设计、宴会辅助用房等。

1. 空间结构大小

宴会厅空间结构大小主要受以下因素影响。

（1）经营形式不同。如大型宴席厅、一般散客餐厅、快餐厅、自助餐厅、咖啡厅等，一般小型宴会厅正餐宴会每人占地 2~2.5 平方米，200 平方米以上的中型宴会厅的正餐宴会每人占地 1.5~1.7 平方米，1 000 平方米以上的大型宴会厅正餐宴会每人占地 1.2~1.5 平方米。

（2）不同的餐饮风格，如中餐、西餐、日餐等，其面积指标各不相同。如主题酒吧、主题餐厅因增加其他增值服务，其面积指标也较高。

（3）酒店等级不同，供应的菜肴、服务的水准不同，宴会厅面积指标也不同。等级越高，所需面积越大。

（4）厅房门窗的位置、数量、大小、开启方向、柱子多少及柱子间距的不同，都对宴会厅面积的有效利用产生影响。

（5）宴会档次越高，所需面积越大。如直径 2 米的圆桌，婚宴坐 14 人，普通宴会坐 12 人，高档宴会坐 10 人，中餐西吃的宴会坐 8 人。

（6）餐厅中配置的餐座形式也会影响宴会厅面积的有效利用，常见的形式有单人座、双人座、四人座、火车式、圆桌式等，以满足家人、朋友等各类客人的不同需求。采用圆形餐台比采用方形餐台的面积指标要高。餐桌摆放形式不同，人均座位占用面积就不同。餐位的布局要根据餐厅的形状和有效运营面积来定。目前，大多数餐厅采用纵向式、横向式、纵横混合式。

2. 宴会厅布局

宴会厅布局指的是在固有的场地空间条件下采用不同的隔断形式产生新的临时布局结构，根据心理学的研究，人的活动有私密性趋向，在用餐的过程中多数偏向于雅座、包间，而不愿意选择邻近大门、过道等位置。宴会厅布局要满足客人的需要，既要享有私密空间，又能够感受到整个餐厅的氛围。同时要考虑到餐厅经营的需要，如零点餐厅和宴会厅区域的分隔等。

宴会厅布局的分隔方式：一是隔断性分隔，通过遮挡视线来分隔空间，如通过推拉式隔断、垂珠帘、屏风、帷幔、车厢席、高橱柜、矮墙等方式进行有形化的分隔；二是象征性分隔，采用通透隔断、罩、栏杆、花格、框架、玻璃，以及利用家具、绿化、山石、水体、悬垂物等因素来分隔空间；三是无形性分隔，通过色调、光线、材质、音响、气味等创造良好的视觉效果。

宴会厅布局的分隔要注重艺术。宴会厅空间设计应处理好一度空间的"点"、二度空间的"线"、三度空间的"面"和四度空间的"体"的关系，给人以立体效应的综合美感。一要大小适宜。宴会厅大并不等于一流或完美。摆好宴席的宴会厅如果太拥挤或者太空旷都会影响用餐的氛围。大、中型宴会厅在宴席数量较少时，空旷面积不能太多，可以用推拉式活动墙、帘子、屏风、帷幔或用大型植物来加以隔断。同时在宴会厅举行多场宴会，则必须用隔断或屏风隔开，以免互相干扰。小型宴会厅则大多需要用窗外景色、悬挂壁画或放置盆景等以达成扩大空间的效果。二要有"围"有"透"。"围"指封闭紧凑，"透"指空旷开阔。宴会厅空间如果有围无透，会令人感到压抑沉闷；若有透无围，则会使人觉得空虚散漫。可用遮挡视线的墙壁、天花板、活动墙、屏风，以及大型植物等来产生围的效果，也可采用通透隔断、罩、栏杆、花格、玻璃等象征性的分隔手法，通过人的联想与视觉完整性来感知分隔，还可采用开窗借景、风景壁画、山水盆景等产生透的感觉。

3. 宴会厅动线设计

所谓动线是顾客、服务员、服务车等在宴会厅内流动、行进的方向和路线，是客人、服务人员在餐厅中的行走流动路线的空间以及物品动线空间。主要涵盖顾客动线、服务人员动线、物品动线三种。一些宴会管理者不善于设计动线，造成宴会厅的使用率下降，在宴会过程中产生顾客和员工在行走路线的冲突，甚至导致客人的投诉。

顾客动线要求具有舒适性、伸展性、易进入性，设计规则是以大门为起点，客人走向任何一张餐桌或包间的通道都要畅通无阻，采用直线为宜，避免迂回曲折绕道或从他人身后绕过，保证能在最短时间内到达。通道宽度以能让客人舒适行走为宜，1人为 0.8 米、2人为 1.1~1.3 米、3人为 1.8 米左右。大宴会厅要有主、辅通道，主通道的宽度不少于 1.1 米，辅通道的宽度不少于 0.7 米。

服务人员动线有服务动线、传菜动线、收餐动线，要求具有便利性、安全性、服务性。服务人员的动线长度对工作效率有直接影响，原则是距离越短越好，宜采用直线设计，避免曲折前进与往复路线。在设计时要注意同一个方向的作业动线不要太集中。应严格区分客人与员工的动线，员工动线应避开客人动线，减少与客人相互交叉的路线，以免和客人行进造成冲突，做到传菜口与收餐口分离。餐厅与厨房应尽量在同一楼层，两者之间的传菜通道长度不应超过40米，在保障菜品温度的同时，减少传菜造成的风险。可设置"区域服务台"，既可存放餐具，又有助于服务人员缩短行走路线。所有通道均应考虑工作手推车的通行宽度。

物品动线主要指菜品的出品动线和废弃物回收的动线，要求有隔离性、专用性、便利性。设计规则是要与上述两个动线完全隔离开来，最好另辟专用进出口及动线空间，以靠近厨房和储藏室为佳，可在最短时间内将物品及原料做最适当的处置，既节省人力、物力，又不影响客人就餐。

4.宴会辅助用房

宴会辅助用房是体现宴会厅品质的重要指标，包括序厅、贵宾室、衣帽间等。

序厅是指从入口到正式宴会厅之间的空间，序厅一般会设计得比较宽阔、高大、肃穆、庄重，着重氛围渲染，让客人在进入宴会厅前能够提前感受到氛围。序厅面积应按照总面积的1/6~1/3，或者按每人0.2~0.3平方米配置。当然序厅过大会压缩宴会厅的面积，降低宴会厅的使用率。

贵宾室用于宴会开始前或结束后的VIP客人的休息场所，应按宴会厅的大小及档次的高低来配备，小宴会厅也可在同一厅房内布置会客休息区域。贵宾室应紧靠宴会厅，配置沙发、茶几、电视机、报纸、杂志等，如有可能还可设置一个小酒吧。当前许多宴会厅的贵宾室还提供茶艺表演和水果拼盘等服务。如果贵宾室空间较宽敞，还可作为小型会议室。

大型宴会厅应配有存放客人衣帽的衣帽间，通常设在靠近餐厅进口处，由专门服务人员管理客人的衣物、帽子、手杖等物品。面积按每人0.04平方米计算，容量应能寄存宴会厅75%的客人衣物。

（三）场地氛围色彩设计

色彩可以影响一个人的感官情绪，同时也可以展现个性和品位。心理学家在研究人对颜色的心理效应时发现：有的颜色使人清醒，而有的颜色能催人入眠，有的可以让人增进食欲，有的则叫人怒气冲冲，于是有了"感情色彩"之说。这些足以证明，色彩对人产生的重要影响。餐厅环境的色彩能影响客人就餐时的情绪。使用冷色、淡色可使餐厅显得宽敞一点，深色、暖色可使餐厅显得紧凑一些。柔和色彩则能造成幽静的气氛，暖色可增强食品的吸引力，促进人的血液循环和肌肉活动，从而有助于消化。因此大多数餐厅中的颜色以暖色为主，但在夜总会，宾客希望回避现实，装饰布置用冷色就比较好。色彩要与餐厅的主题相吻合，如海味餐厅用冷色的绿、蓝和白，能巧

妙地表现航海的主题。快餐馆的色彩应鲜艳明快，鲜艳的色彩配以紧凑的座位、窄小的桌子、明亮的灯光、快节奏的音乐和人们的嘈杂声，能促使顾客在就餐后快速离开。若想延长顾客的就餐时间，就应该使用柔和的色调、宽敞的空间布局、舒适的桌椅、浪漫的光线和温柔的音乐来渲染气氛。

宴会厅色彩设计中，背景色、主体色和重点色的选择应遵循统一与变化的原则。颜色不宜太多，2~3 种即可，多了会给人以凌乱和光怪陆离的感觉，主色调的选择必须与餐厅的主题相符合。

营造色彩可以通过灯光、桌布、绸带、餐具、LED 等形式来实现色彩的效果，下面我们对不同颜色所代表的含义进行介绍，以方便大家有针对性地选择宴会厅及宴会设计的主色调。

（1）白色。白色是宴会中常见的颜色，白色象征干净、明快、朴实、纯真。但白色面积太大会给人疏离、梦幻的感觉。心理学认为，白色有镇静作用，适当的白色能给环境带来一丝不苟、干净利落的舒适感，同时有增大空间感的作用。

（2）蓝色。蓝色象征权威、保守、专业、中规中矩与务实，也有优雅、深沉、凉爽、素雅的感觉。在宴会的环境设计中，蓝色通常应用在商务会议、产品发布会、科技类企业年会等类型的会议和宴会之中。明亮的天空蓝，象征希望、理想、独立；暗沉的蓝，意味着诚实、信赖与权威。正蓝、宝蓝在热情中带着坚定与智能。淡蓝、粉蓝可以让人完全放松。

（3）褐色。褐色蕴含安定、沉静、平和、亲切等意象，让人情绪稳定，但没有搭配好的话，会使人感到沉闷、单调、老气、缺乏活力。因此褐色一般需要与一些明亮的颜色进行搭配。

（4）红色。红色是中餐宴会中常见的主要色调，象征热情、权威、自信，是种能量充沛的色彩。不过有时候它会给人以血腥、暴力、忌妒、控制的印象，容易给人造成心理压力。在宴会设计中，"中国红"表示吉祥喜庆，意味着幸运、幸福和喜事，是传统节日常用的颜色，而在欧洲，即使是相同的红色，由于颜色深浅不一，其寓意也有所区别。例如，大红代表喜庆、吉祥、热闹。深红代表热爱、成熟、深沉。深红色是在原有的红色基础上降低了明度而得，这类颜色的组合随着明度的变暗，比较容易制造深邃、幽怨的气氛。桃红代表热情、洒脱、大方、艳丽，桃红色比粉红色更深一点，象征着女性化的热情，比起粉红色的浪漫，桃红色是更为洒脱、大方的色彩。浪漫的粉红色是一种由红色和白色混合而成的颜色，通常也被描述成为淡红色。粉红象征温柔、甜美、浪漫、没有压力。

（5）橙色。橙色富于温暖的特质，给人亲切、坦率、开朗、健康的感觉。介于橙色和粉红色之间的粉橘色，则是浪漫中带着成熟的色彩，让人感到舒适、放心，但若是搭配不好，便显得俗气。橙色应用于社会服务项目，特别是需要阳光般的温情时，该色是最适合的色彩之一。

（6）黄色。黄色是明度极高的颜色，能刺激大脑中与焦虑有关的区域，餐饮中给人以丰硕、甜美、香酥的感觉，是能引起食欲的颜色。艳黄色象征信心、聪明、希望，淡黄色显得天真、浪漫、娇嫩。但是艳黄色有不稳定、招摇，甚至挑衅的味道，不适合在任何可能引起冲突的场合如谈判场合使用。黄色适合在任何快乐的场合使用，比如生日会、同学会等。

（7）绿色。绿色给人无限的安全感，象征自由和平、新鲜舒适。黄绿色给人清新、有活力、快乐的感受。明度较低的草绿、墨绿、橄榄绿则给人沉稳、知性的印象。绿色一般运用于环保、动物保护活动、轻松的休闲聚会中。

（8）紫色。紫色是优雅、浪漫，并且具有哲学家气质的颜色，同时也散发着忧郁的气息。紫色的光波最短，在自然界中较少见到，所以被引申为象征高贵的色彩。淡紫色的浪漫，不同于粉红小女孩式的，而是像隔着一层薄纱，带有高贵、神秘、高不可攀的感觉。而深紫色、艳紫色则是魅力十足、有点狂野又难以探测的华丽浪漫。当宴会主题想要与众不同，或想要表现浪漫中带着神秘感的时候，可以使用紫色搭配。

（9）黑色。黑色象征权威、高雅、低调、严肃、安静、寂静、肃穆、悲哀，也意味着执着、冷漠、防御、忧伤、消极。在宴会设计中，黑色是较为难以驾驭和掌握的颜色，搭配不当会导致客人感受到压抑，但是心理学认为黑色也会让人有极度权威、表现专业、展现品位和低调的感受。

（10）灰色。灰色象征诚恳、沉稳、考究。其中的铁灰、炭灰、暗灰，在无形中散发出智能、成功、权威等信号。灰色在菜肴中能缓冲色味的刺激，能降低食欲，起到中和作用。

（四）宴会场地氛围空气设计

宴会场地的空气主要涉及温度、湿度、风速、洁净度、气味等指标。空气虽然看不见摸不着，但是良好的空气环境直接关系到客人的用餐感受和体验，也体现酒店的服务质量。

（1）温度。温度是人体感觉最敏感的空气指标，人体休息时体表温度为 28~34 ℃，因此体感最舒适的温度应略低于体表温度，温暖的环境会给顾客以舒适、轻松的感觉。我国饭店在春秋两季的室内外温度相差不大，夏冬两季温差较大，一般室内外温差不宜超过 10 ℃。一般来讲，夏季酒店的门厅温度控制在 24~26 ℃，冬季控制在 18~23 ℃。餐厅内略低于门厅温度。此外，顾客因为职业、性别、年龄的不同而对宴会厅的温度有不同的要求。通常，女性喜欢的温度略高于男性，孩子所喜欢的温度低于成人，从事活跃职业的人喜欢较低的温度。厅房室内局部温度可根据客人的需求随时调节，气温过高或过低都会抑制人的食欲。为了节约能源，在客人到店前，可先关闭部分空调设施，待客人即将到店时，再启动空调。

（2）湿度。空气湿度状况影响体感舒适度。湿度过小，空气干燥，利于人体表面汗液蒸发，但过于干燥，会使顾客心绪烦躁，从而加快人员流动；反之，湿度过大，汗液蒸发困难，会使顾客感到潮湿胸闷。宴会厅最佳湿度环境为40%~60%。

（3）风速。空气流动速度也影响舒适度，蒸发散热是随着气流速度的增大而增加的。当气流速度为零时，人体周围便会形成饱和空气层，阻止体表汗液蒸发，从而使人产生闷的感觉。在人体感到舒适的温度下，室内允许的空气流速为0.1~0.25米/秒，其中0.1~0.2米/秒是一般情况下人体感到舒适的风速范围，0.2~0.25米/秒是用于冷却目的而感到舒适的风速范围；当风速大于0.3米/秒时会使人感到不适。总体而言，要让客人感受凉爽但是却感受不到风速是最好的状态。

（4）洁净度。宴会厅要空气清新，没有PM2.5等可吸入颗粒物，通风良好。开宴前要开窗或换气、通风，喷洒空气清新剂。根据国家有关的规定：宴会厅内一氧化碳含量不超过5毫克/立方米，二氧化碳含量不超过0.1毫克/立方米，可吸入颗粒物不超过0.1毫克/立方米，新风量不低于200立方米/（小时·人）。要保证每天半个小时以上的开窗换气时间，有条件的宴会厅要安装排风扇、空气清洁机等。此外，一些绿植也具有吸收二氧化碳、释放氧气、吸附空气中的粉尘的作用，因此在宴会厅内外要注重绿植的摆放。

（5）气味。气味是宴会厅空气环境中的重要组成因素，要做到"除臭增香"。气味通常能够给顾客留下深刻印象，顾客对气味的记忆要比视觉和听觉记忆更加深刻。厅房里弥漫着轻微的芳香，能使人精神愉悦，并留下难忘的回忆。然而如果宴会厅内充满了不正常的气味，如油腻味、汗臭味、酸腐味等，会降低顾客对宴会的好感。因此，酒店要注重环境卫生的清洁，尤其是地毯要防止发霉变味，同时配合香薰等手段提升气味好感度。

（五）宴会场地氛围装饰物设计

正如本章开篇案例中人民大会堂的《江山如此多娇》一样，各地酒店也都有自己的一套装饰物来提升酒店的艺术品位。例如，尼依格罗酒店的《北京女孩》，已经成为酒店品牌的代名词。

在酒店中，适当的装饰品能加强室内空间的视觉效果，提高环境的艺术品位。饰品不仅具有观赏作用，还具有怡情遣兴、陶冶情操的效果，以及自我塑造和潜移默化等功能。

1. 酒店宴会装饰物的类型

第一类是装饰性饰品。这一类的装饰品本身没有实用价值，以纯观赏为主，包括艺术品，如书法、绘画、竹雕、盆景、刺绣、摄影、雕刻、塑像、陶器、古玩、玉器等。此外纪念品也是装饰性饰品，如纪念章、纪念像、纪念服等，一般布置在主题餐厅和一些主题宴会里面。

第二类是实用性饰品。这一类饰品除了具有观赏价值之外，还兼具实用价值。如织物布件（如壁毯、挂毯、窗帘、台布、靠垫等）、装饰灯具、乐器、玩具、扇子、玻璃瓶罐、烛台、农具、书籍、食品、服饰等。

2. 酒店宴会装饰物陈设方式

不同类型的装饰物也要用合适的陈设方式进行展出，才能发挥其最大的功效。例如，巨幅油画作品，就应该放置在序厅、大厅等宽敞、人流量大的位置。常见的陈设方式有落地摆放、台面陈设、空中悬吊、墙面陈设等。

（1）落地摆放。大型装饰品如雕塑、竹雕、根雕、石雕、瓷瓶等作为表现餐厅主题的重要元素，常落地布置在最引人注目的位置，如酒店大厅中央或宴会厅序厅入口。落地摆放的装饰物品种要少而精，中心艺术品应有照明光源配合，并配置必要的文字说明。

（2）台面陈设。高档宴会厅的宴会餐桌台面陈设考究，通过精美的餐具、艺术的摆放和台面中心的各种装饰造型来加强用餐时的愉悦气氛，宴会的主题装饰物就属于这类装饰，通过插花、摆件等来提高整个宴会台面的高雅气质。

（3）空中悬吊。在空间较大的宴会厅中，通过空中悬挂织物、喷绘写真、轻质造型装饰物来做装饰。如为营造节日喜庆气氛而布置的气球、彩带、横幅、各种造型等装饰物，雅俗共赏，适用范围较广。某些绿色植物和装饰性灯具，也可用于悬挂陈设。在重庆光环购物公园，悬浮在半空的树木和凌空垂挂的瀑布给来往的客人留下了深刻的印象。

（4）墙面陈设。这类陈设方式是较为普遍的应用方式，因为人们习惯朝前方观察，因此，墙面陈设是客人最容易观察的区域。一是墙面陈设根据墙面艺术的需要来选择品种，在质量和数量上要突出本酒店和宴会厅的特色和风格，画面内容要照顾宾客的风俗习惯和宗教信仰。二是墙面陈设的装饰物风格要协调。无论采用何种方法点缀，饰品的材质、图案、色彩、样式等都要与宴会厅整体风格相一致。宴会厅内饰品的种类和内容应有穿插，不宜雷同。比如主墙是大型山水国画，其他处就不宜再用山水画，可挂花鸟画、仕女画或选择其他墙饰品种。三是高雅精致。饰品宜少而精，素而雅，品位高，品相好。四是大小要与宴会厅面积相匹配，同时和家具陈设的大小、高低相适应。大宴会厅适宜挂气势磅礴、笔墨刚健的名山大川、华丽多姿的花卉等大幅画，雅间挂雅致秀丽的花鸟画，才会显得气氛和谐，典雅舒适。五是高低适宜。为便于欣赏，国画可挂得略高一些，西洋画可挂得略低一些，笔墨淋漓的高山飞瀑、层峦叠嶂等山水画或大刀阔斧的写意花卉和宜于远看的绒绣画要挂得高一些，而适宜近看的工笔画可挂得低一些。六是美观安全。挂件要结实牢固，绳子要隐蔽在画框背面，不能外露，以免影响美观。

（5）橱架陈设。这类陈设方式常用于小型装饰物，一般摆放在专用的古董架或茶

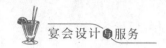

几上，正面要留有让人驻足观赏的空间面积。应注意摆件底座、罩子等附配件的精致度，如深色的橱架、衬布（盘）适宜放置浅色摆件，光滑的工艺品如瓷器、玻璃器皿、金银等采用粗糙的背景衬托，而粗糙的工艺品如陶器等宜采用光滑的背景衬托，以显示各自的质感特点。此外，摆件饰品在布置时要处理好与壁挂类饰物的空间格局关系，互相映衬，而不是彼此排斥。

（六）宴会场地氛围山水绿化设计

山水绿化是现代建筑装饰的重要类别，尤其是中式酒店和餐饮企业，更加注重山水园林绿化。绿化有丰富的形象、色彩美和风韵美，能增强宴会厅的艺术表现力，具有美化环境、增强气氛、净化空气、调节温度、分割空间、连接内外、提高规格、表情达意等作用。绿化装饰区域一般是在前厅、宴会厅外两旁、厅室入口、楼梯进出口、厅内边角或隔断处、话筒前、舞台边沿等处，以及宴会餐台上的鲜花造型或花台、花坛和展台外。而水体在环境艺术设计中具有增加空间活力、改善空间感受、增强空间意境、美化空间造型的作用，常被用于室内外的过渡空间和内庭空间。水体有动静之分。动水或奔腾而下、气势磅礴，或蜿蜒流淌、欢快柔情，具有较强的感染力；静水犹如明镜，清澈见底，具有宁静平和之感。若将水体与现代科学技术结合，可创造出多姿多彩的造型，如现代雕刻喷水池、音乐喷水池、彩色喷水池等。

1. 采用山水绿化装饰的原则

（1）环境适宜原则。绿化植物对光照、温度、湿度的要求均有差异。一般植物的适宜温度为 15~34 ℃，理想生长温度为 22~28 ℃。由于酒店宴会厅内一般室内温度稳定，光照不足，更多采用的是人造光源，室内二氧化碳含量高，因此要更多选择新陈代谢较慢，消耗水分营养较少，能适应室内生存环境的阴生观叶植物或半阴生观叶植物，这样更有利于后期的维护，节约成本。

（2）比例适度原则。山石、水体，以及绿化植物体积的大小和高度取决于室内空间的面积及高度。植物高度应控制在厅房空间高度的 2/3 以内。短小植物是高 30 厘米以下的，矮生的一年及多年生花卉与蔓生植物，如景天、常春藤等，适宜作为桌面、台几或窗台上的盆栽摆设。中型植物是高 30~100 厘米的草花及小落木，如君子兰、天竺葵等，用于雅间或大厅里位置相对较低的地方。大型植物是高 1~3 米的大型花草、灌木及小乔木，如锦葵、棕竹、茶花等，常用于大厅。特大型植物如高 3 米以上的南洋杉、榕树等，常用在有多层共享空间的餐厅中庭。使用假山造型也不宜占据太多空间，以免造成室内空间的局促压抑感觉，假山前一定要留有充足的观赏、留影的距离和空间。使用水景装饰时，不可占据过多通道，可采用搭桥、瀑布等形式，减少空间影响。

（3）气氛适合原则。不同植物、假山形态、造型表现出不同的风格、情调和氛围，如庄重感、雄伟感、潇洒感、抒情感、华丽感、幽雅感等，所选造型应与室内氛围一致。如现代感较强的餐厅宜用引人注目的宽叶植物，而小叶植物可用于传统餐厅。同时，花卉色彩要与室内色彩协调。在进行绿化装饰时，要选用应时应景的花卉草木，巧妙陈放在最佳位置，形成百花迎宾的热烈氛围。

（4）摆放美观原则。山石、绿化植物应高低对称，摆放位置以不影响客人行走、不影响客人视线为宜。厅内布置花卉时，要将塑料布铺设于地毯上，以防水渍及花草弄脏地毯，给盆花浇水及擦拭叶子灰尘时也不能影响清洁卫生。凋谢枯萎的花草会破坏气氛，因此要及时清除这类花草。如采用人造花装饰，虽然是假花、假草，但也不可长期置之不理，蒙上灰尘的塑料花、变色的纸花都会让人不舒服。塑料花每周要水洗一次，纸花每隔两三个月要更新。尽量不要将假花、假树摆在客人伸手可及的地方，以免让客人发现是假物而大失情趣。如果要用石洞、石门等造型，应该尽量做得大一些。

2. 山水园林绿化的形式

（1）盆栽。这类装饰简单方便，性价比高，能够快速地更换。盆栽品种有盆花、盆草、盆果、盆树等。喜庆宴会可选用季节的代表品种为主盆花，形成百花争艳的意境，以示热烈欢快的气氛。文竹、君子兰等观赏植物能够烘托出古朴、典雅的意境。叶类植物如橡树、棕榈、葵树与苍松、翠柏等大型盆栽，其树形开阔雄伟，可点缀或排列在醒目之处，增加庄重之感。在花材、品种的选择上，要尊重客人的习俗和宗教习惯，如日本忌荷花、意大利忌菊花、法国忌黄色花等。

（2）盆景艺术。盆景和盆栽有相同点也有不同点，盆景是在盆栽的基础上，对植物进行修剪、造型、配饰、配景等，从而让盆栽更加生动，更加具有艺术感，每件作品都是独一无二的，带有它们的艺术风格。一般来讲盆景可分为两类：一类是树桩盆景，观赏植物的根、干枝、叶、花、果的神态、色泽和风韵，可给人以艺术享受；另一类是山水盆景，通过仿效大自然的风韵神采、奇山秀水，塑造逼真小景，给人以艺术享受。

（3）立体绿化。一是墙面蔓绿。国际上酒店装潢流行植物墙，布置"垂直花园"就是利用不同的墙面，按照植物在自然界的分布状态来种植各种具有不同特性的植物，其中80%是常绿植物，20%为季节性植物。二是天棚悬挂。利用天棚悬吊绿色明亮的柚叶藤等藤类植物及羊齿类植物等，组成立体式的绿化。

（4）假山。大自然的山水是假山创作的艺术源泉和依据。真山虽好，却难得经常游览。假山作为艺术作品，比真山更为概括、更为精练，可寓拟人的思想感情，使之有"片山有致，寸石生情"的魅力。人为的假山又必须力求不露人工的痕迹，令人真假难辨。与中国传统的山水画一脉相承的假山，贵在似真非真，虽假犹真，耐人寻味。

（5）峰石和散石造型。峰石是单独设置的山石。砌筑峰石要求上大下小，富有动感而不失平衡，不留人工制作痕迹。零散之石作为小品点缀在庭院中，可起到烘托氛围的作用。有时散石也被设置于溪岸两边，有的嵌入土内，有的半露出水面，有的立于草坪之上。在设置散石时，要注意其构成关系，做到三五聚散、疏密得体、大小相间、

错落有致。

（6）水池。在中国传统文化中"山聚人，水聚财"，水池装饰经常用于酒店、餐厅及商业住宅等。水池常与绿化和山石共同构成建筑景观，一般置于庭中、楼梯下、路旁或室内外空间的交界处。室内水池可起到丰富和扩大空间的作用，室外水池能让周围景色在水中交相辉映，从而将不同内容和形式的建筑融为一体。在水池中，还可配合涌泉、喷泉使静态的景观略增动感，起到丰富景观效果、调节动静关系的作用。尤其是加上灯光、干冰等效果，能够让水池显得更为新奇、好看。为了让水池更有灵动性，常常在水池中养几尾锦鲤或金鱼，显得更有生气。

任务二　宴会场地声光设计

一、宴会场地声音装饰设计

人的听力能够分辨令人愉悦的"乐音"以及令人烦躁的"噪声"，因此，在酒店和宴会厅区域，需要从两个方面为客人营造良好的听觉环境：一方面是降低噪声；另一方面是通过背景音乐系统等产生令人愉悦的乐音。

（一）宴会场地减少噪声的方式

据研究表明，正常人长时间生活在 65 分贝以上的噪声环境里，轻则会导致注意力分散、思维迟钝、情绪烦躁不安、易感疲劳，重则会发怒、多疑，出现攻击性、侵犯性行为。长期暴露在 85 分贝以上的高噪声中甚至会影响人的听力，大于 130 分贝会导致耳聋。噪声会对宴会舒适度构成极大的影响。

在酒店和餐饮企业中，噪声一般来源于店外环境与店内的楼层走道、管道、空调送风口、冰箱、卫生间排风扇、烹调操作、顾客流动与喧哗声、杯碟碰撞声、音量过高的背景音乐及大型设施设备等。为了降低噪声，酒店在选址时应避免周围噪声干扰过大，尽量远离主干道、火车轨道、码头等。此外，酒店自身的建筑材料隔音性能要良好，可采用双道门、中空门窗等方式尽量减少外部噪声传入店内。店内各房间的隔墙，以及相邻房间的橱柜要用隔音材料，防止楼层之间、房间之间互相"串音"，相邻客房间的管线口要做隔音处理，客房走道应铺设地毯，客房门应加设隔音胶条，房内选用低噪声冰箱，卫生间的洁具不能漏水，排风扇音量要低，娱乐场所要远离住宿区与用餐区域。客房与宴会厅附近不能有声响过大的机器(如洗碗机、离心脱水机、锅炉等)，厨房与餐厅之间的过道要长且要设双道门，隔断厨房的噪声。除硬件条件外，在服务工作中，员工服务要做到"三轻"——走路轻、说话轻、操作轻，这样不仅能减少噪声，而且能使客人产生文雅感、亲切感，同时还可暗示那些爱大声说笑的客人自我克制。

酒店各区域的噪声标准应严格控制在以下范围内：前厅在 45 分贝以下，客房为 35~45 分贝，餐厅在 45 分贝以下。

（二）宴会场地背景音乐设计

在降低了噪声之后，宴会需要用优雅动听的音乐为顾客营造宾至如归的氛围，改善顾客的心绪和用餐环境，舒缓精神压力，解除身心疲劳，让顾客安定轻松。此外，音乐还能让员工提高工作效率，让员工精神焕发，更好地服务顾客。

背景音乐的音量必须适当，音量过大会适得其反，音量过小则无法达到效果。平均声压级应该控制在 50 分贝以下，即在场人员都能听见，但是以不影响小声交谈为宜。

背景音乐的选择要注意以下三点。

（1）音乐曲目要与主题相符，根据宴会的性质、赴宴客人的籍贯、工作性质等进行选择。如婚宴可采用《今天你要嫁给我》等耳熟能详的浪漫情歌；如果接待意大利客人，可采用《我的太阳》《今夜无人入眠》等经典意大利名曲；如果是中国传统的节日宴会上，则选择《步步高》等中国传统音乐中的欢快曲目。

（2）曲目要满足大多数的欣赏水平，有些曲目虽然是名曲，但是比较罕见，大多数顾客都没有听过，播放这样的曲目就无法引起顾客的共鸣，应该更多地选择经典的、耳熟能详的曲目。

（3）曲目的顺序要结合宴会的仪式顺序。例如，在一些签字仪式、颁奖仪式、讲话仪式前都需要有背景音乐，这些音乐多数是激情澎湃、节奏感强的音乐，而在进入宴席之后，就要采用舒缓、优雅的音乐曲目。

二、宴会场地灯光装饰设计

正如同我们日常使用手机拍照一样，同样的景色，不同的光线拍照出来的效果差异很大，灯光对于我们提升氛围品质以及酒店宴会品质具有不可忽视的重要作用。在灯光设计时，应根据宴会厅的风格、档次、空间大小、光源形式等，合理巧妙地配合，以产生优美温馨的就餐环境。不同形式的宴会对光线的要求也不一样，中式宴会以金黄和红黄光为主，而且大多使用暴露光源，使之产生轻度眩光，以进一步增加宴会热闹的气氛；西式宴会的传统气氛特点是幽静、安逸、雅致，西餐厅的照明应适当偏暗、柔和，同时应使餐桌照度稍强于餐厅本身的照度，以使餐厅空间在视觉上变小而产生亲密感。在办宴过程中，还要注意灯光的变化调节，以形成不同的宴会气氛。如结婚喜宴，在新郎、新娘进场时，宴会厅灯光调暗，仅留舞台聚光灯及追踪灯照射在新人身上，新郎、新娘定位后灯光要调亮，这样我们就合理地利用了灯光突出婚宴的主角"新郎""新娘"。

灯光的装饰设计主要是从光源、强度、灯具造型等方面进行考虑。

（一）光源的选择

光源指的是由何种物品提供光，选用光源的原则是节能、舒适和适用。餐厅采用何种形式的光源，受酒店档次、装潢风格、经营形式与建筑结构的制约，不同的酒店有着不同的灯饰系统。如中餐厅，根据中国人的传统心理，灯饰以金黄和红黄光为主，而且大多使用暴露光源，使之产生轻度眩光，营造热烈、辉煌的气氛。麦当劳、肯德基等西式快餐在中国作为一种休闲餐饮，因就餐的对象多为妇女、儿童，光源系统以明亮为主，有活跃之意。传统的西餐厅，为了适应西方人进餐时要求相对独立及较隐蔽环境的心理要求，灯饰系统以沉着、柔和为美，同时应使餐桌照度稍强于餐厅本身的照度，创造出静谧、浪漫、雅致的情调。一般餐厅多用混合光源照明，咖啡厅、快餐厅用自然光源比重较大，高档宴会厅和法式餐厅使用人造光源居多。

（1）自然光。自然采光不仅节约能源，而且在视觉上使人更为习惯与舒适。客人喜欢通透性较好、采光较好的餐厅，透明度高，可信度才高，客人能一目了然地看到餐厅的菜品、环境、气氛和服务状况，对其产生一定的吸引力。宴会厅如果临街靠窗，有落地玻璃门窗，可采用自然光，将人与自然景物联系在一起，扩大与丰富酒店的空间。采用自然光要有遮阳措施，以避免阳光直射所产生的眩光和过热的不适感，窗子需要安装窗帘，一方面可起到装饰点缀的作用，另一方面阳光透过窗帘产生漫射光，使光线柔和舒适，能够活跃宴会厅内气氛，创造空间立体感和光影的对比效果。如果餐厅外有大阳台、草坪，让客人在大自然光线的沐浴之下就餐，可感到悠闲自得。

（2）白炽灯光。这种灯光来源于比较传统的白炽灯，色偏红黄，属于暖色调，其优点是显色性好，使食品看上去颜色自然；缺点是白炽灯发光率低、寿命短、玻壳温度高、受电压和机械影响大。白炽灯是宴会厅的主要光源，能突出厅房豪华气派，食品和人不易失真，形态自然。如果调暗光线，还能增加舒适感，营造朦胧美氛围，延长客人就餐时间。白炽光适用于高档餐厅的营业厅、包间、雅间、情侣座等。

（3）荧光。据科学研究表明，荧光显色指数较低。这种光线经济、大方，但缺乏美感。荧光中蓝色、绿色强于红色、橙色而居于主导地位，从而使人的皮肤看上去显得苍白，食品呈现出灰色。档次较高的宴会厅不宜采用荧光灯，中低档的餐厅采用荧光灯既可节约能源，也可缩短顾客的就餐时间。

（4）LED 光源。LED 光源为发光二极管光源。此种光源具有体积小、寿命长、效率高等优点，可连续使用 10 万个小时。LED 经过几十年的技术改良，其发光效率有了较大的提升。LED 光的单色性好、光谱窄，无须过滤可直接发出有色可见光。由于LED 光源的特性，目前已经成为市面上的主流光源。

（二）照明强度和色温

不论光源的种类如何，光的强、弱、明、暗都会产生不同的效果，利用各种光线的强弱并配以色彩变化，可以突出各种菜肴的特色与美观，给就餐者留下深刻的印象，增强食欲。昏暗的光线会延长顾客的就餐时间，而明亮的光线则会加快顾客的就餐速度。宴会厅要光线明亮，灯火通明。餐座周转率较高的餐厅光照度较强。餐厅内各空间的亮度也应不同，宴会厅亮于餐厅，餐厅亮于过道走廊，餐桌亮于其他区域，主灯灯光应集中于餐桌的菜肴上。灯光可调节变化，以形成不同的宴会氛围。色温与亮度的关系会影响餐厅氛围。电灯泡等色温低的光源带红色，使环境产生一种稳定的感觉，随着色温升高，逐渐给人一种从白到蓝的感觉，让人觉得清爽、洁净，同时带有动感的氛围。在同一空间环境中，如使用两种色差很大的光源，则光色的对比会出现层次化的效果。如果光色对比小，仅靠亮度层次而又必须取得最佳效果时，就要使用更高亮度的聚光灯。

（三）灯具装饰的选择

灯光与不同造型的灯具艺术组合、系统使用，能显现出独特的魅力。灯具有双重功能，既是照明工具，又是装饰设备，能营造宴会气氛。常见的灯具风格有古典西式（如蜡烛式、油灯式）、古典中式（如灯笼式）、日本式（如框式顶灯、竹木架式灯具）与现代式四种。根据室内装饰风格合理选择灯具样式，主要有吊灯（常使用于大厅、宴会厅和雅间，雅间安装时要安在餐桌的正上方）、吸顶灯（固定于顶棚上）、筒灯（镶嵌于顶棚中，简洁明快，无累赘感）、壁灯（常用于走廊、门厅、大厅的墙壁上）、射灯（局部集中照明在某些重要位置，如店名招牌、照片、字画、装饰品、景观等）、投光灯、消防灯、落地灯、艺术欣赏灯等形式。灯具造型不宜繁多，但要有足够的亮度。可以安装方便实用的上下拉动式灯具，把灯具位置降低，也可以用发光孔，通过柔和光线，既限定空间，又可获得亲切的光感。灯具的档次高低、规格大小、比例、质地造型要与餐厅风格及档次协调。豪华灯具是专为饭店前厅、宴会厅专门定制的，采用镀金、贴金、水晶等贵重材料，制作工艺精良，体型较大，造型美观新颖。

任务三　宴会物品设计与选用

一场宴会所涉及的物品大至空调、桌椅，小至筷子、刀叉，无不关系到宴会的成功举办，本书之前已经介绍了宴会的灯光、绿化、音乐等，本节将对家具、布草、电器设备、餐具等的选择进行简要的介绍。

一、家具的选择

无论是中式宴会，还是西式宴会，宴会厅家具的选择和使用是形成宴会厅整体气氛的一个重要部分，家具陈设质量直接影响宴会厅空间环境的艺术效果，对宴会服务

质量也有举足轻重的影响，同时，家具也是固定成本中较大的一部分，要慎重考虑。

我们熟悉的宴会厅家具一般包括落台、餐桌、餐椅、餐具柜、屏风、花架等。家具的设计或选择，应遵循以下原则。

（一）安全方便

无论中式宴会还是西式宴会，都要首先考虑到顾客和服务人员的安全和便利性。选用的家具要符合环保材质要求，不得有甲醛等有毒有害物质，保障人员的健康。家具的转角处不应该有尖利的锐角。家具应选择底部较阔，平稳贴地，不左摇右晃的产品。单薄的家具有可能造成木档的断裂，造成严重事故，因此应尽可能选择厚实的，尤其是承重量较大的家具。家具各部位不应有裂纹，接合部分应紧密，不应有出头的螺钉，不应在结合部位使用钉子，而应采用榫槽结构。每一部位包括配件应妥善装嵌螺丝，上紧开关，锁具都要使用便捷。所有的桌椅还应考虑到搬用和收纳的问题，如折叠支架等都是较好的设计。

（二）具有舒适感

家具的舒适感取决于家具的造型是否科学，尺寸比例是否符合人体结构。应注意餐桌的高度和椅子的高度及倾斜度，餐桌和椅子的高度必须合理搭配，不能因桌、椅高度不适而增加客人的疲劳感，应该让客人感到自然、舒适。例如，桌椅高度应该能使人坐时保持两个基本垂直：一是当两脚平放在地面时，大腿与小腿能够基本垂直，这时座面前沿不能对大腿下平面形成压迫；二是当两臂自然下垂时，上臂与小臂基本垂直，这时桌面高度应刚好与小臂下平面接触，这样就可以使人保持正确的坐姿。如果桌椅高度搭配得不合理，会直接影响人的坐姿，不利于使用者的健康。为此，写字桌台面下的空间高度应不小于 580 毫米，空间宽度应不小于 520 毫米。沙发类尺寸，单人沙发座前宽不应小于 580 毫米，座面的深度应在 480~600 毫米，座面的高度应在 360~420 毫米。沙发坐垫、扶手处应采用皮质软包，提高舒适感。

（三）统一风格，烘托氛围

宴会的所用物品应该符合宴会的主题风格，家具也是如此。就餐桌而言，中式宴会常以圆桌为主，西式宴会以长方桌为主，餐桌的形状为特定的宴会服务。每个宴会厅内的家具品牌、色彩、材质、规格应该保持一致，方便拼接、组合、整理，同时能够呈现统一的风格。

二、布草的选择

宴会厅中涉及的布草主要有窗帘、地毯、桌布、椅套、口布等，要符合环保、耐用、经济实用、美观大方等原则。布草的分类有以下 6 种。

（一）按餐巾使用的纤维原料分类

天然纤维类，使用的纤维来源于天然材料，如棉、毛、麻、丝等，这一类在餐巾中使用最多。纯棉餐巾的吸水性和去污能力都比较强，通过浆洗熨烫后，造型效果比较好，比较挺括；缺点是清洗和保养比较麻烦，需要经常上浆熨烫以保持挺括。而棉麻混纺的不用上浆也能保持挺括。

化学纤维类，是以天然或人工合成的高聚物为原料，经过化学处理和机械加工而制得的纤维，包括再生纤维和合成纤维。再生纤维如竹纤维、莫代尔纤维、大豆纤维等。合成纤维如涤纶、锦纶、腈纶、丙纶等。化纤纤维的餐巾优点是颜色比较亮丽，具有较好的光泽度，表面比较平整，容易清洗，而且不用上浆熨烫；缺点是没有棉制品和棉麻的可塑性强，吸水性比较差，去污能力不强，而且手感摸起来比较粗糙。

（二）按原料组成方式分类

纯纺织物，是指由同一种纤维原料的纱线织制而成的，根据使用的纤维原料种属可以分为纯天然纤维织物和纯化纤织物。

混纺织物，是指由两种或两种以上的纤维原料混合纺制的纱线交织而成的织物。混纺织物可体现组成原料中各种纤维的优越性能，如涤棉混纺、棉麻混纺、毛腈混纺等。

交织织物，是指经纬纱采用不同纤维原料的纱线或长丝织制而成的织物。如经纱用蚕丝、纬纱用毛纱的丝毛交织物，经纱用涤纶丝、纬纱用粘胶股线的涤粘交织物等。这类布草在使用过程中容易挂丝、破损。

（三）按织物风格分类

棉型织物，是指用棉型纱线织制而成的织物。虽然叫作棉型织物，但是原料不一定局限于棉纤维，也可以是化纤或混纺短纤纱。这种织物布草的优点是手感柔软，光泽柔和，外观朴实自然。

毛型织物，是指用毛型纱线织制而成的织物。这种织物所用纤维较长较粗，原料不一定局限在毛原料，也可以是化纤原料，或是毛与化纤的混纺原料。毛型织物的优点是蓬松、丰厚、柔软，但清洗难度较大。

丝型织物，是指天然丝或化纤长丝织制而成的织物。丝型织物色泽鲜艳、光泽好，表面光洁，手感滑爽，悬垂性好。丝型织物根据常见原料，分绫、罗、绸、缎、绢、纱、锦、绨、葛、呢、绒、绢、纺、绡14大类。这类布草的成本较高，清洗后容易损坏。

麻型织物，是指由麻或麻混纺纱织制而成的织物。这类织物优点是外观自然朴实，吸湿干爽，透气舒适；缺点是手感较差，吸污能力弱。

（四）按织造加工方法分类

机织物，通常指由相互垂直排列的两个系统的纱线，在织机上按一定规律交织而成的织物。机织物具有结构形态稳定、强度高的优点。

针织物，指由一根或一组纱线弯曲形成线圈，线圈相互串套而形成的织物。针织物优点是质地松软、多孔、透气，有较大弹性和延伸性；缺点是保形性和尺寸稳定性较差，易勾丝，易起毛起球，吸水性能差，易脱散，比较少用。

（五）按组织结构与织造设备分类

平素织物，由单一的原组织或简单的变化组织构成，经纱运动规律变化少，一般用踏盘织机就可织造。如平布、斜纹布、牛津纺、贡缎等。

小提花织物，是指表面具有小型花纹，能够在多臂织机上织造，经纱不同运动规律控制在多臂织机有限的综框数范围内。如蜂巢组织织物、平纹地小提花织物、经（纬）起花织物等。

大提花织物，也称为纹织物，可以由各种类型的组织共同构成，不同组织分布在不同部位形成各种色彩的花纹图案。大提花织物表面可呈现大型的色彩与形态比较逼真的花纹图案。一个花纹循环中，不同运动规律的经纱数达到几十甚至上万根，必须在大提花织机上才能织制。

（六）按印染加工方法分类

白坯织物，由本色纱线织成，未经漂染、印花的织物统称为白坯织物（或本色织物）。

漂白织物，是指白坯织物经过漂白加工而成。

染色织物，是指白坯织物进行漂染加工、均匀着色而成，也简称色布。

印花织物，通过手工或机械设备对白坯织物进行印染着色而呈现花纹图案的织物。对织物进行印花的工艺方法和设备有多种多样，如扎染、蜡染、丝网印花、转移印花、烫印、涂料印花、发泡印花、植绒印花、数码喷印等。

以上就是酒店宴会中常见的布草的分类，下面对几种主要的布草分别进行介绍，由于餐巾在本书宴会设计部分会有介绍，因此在这里就不在赘述。

1. 窗帘

窗帘的功能总体来说主要有以下几种：减弱光线、装饰、保温、隔音、除尘等。窗帘的保温和隔音功能由于面料的薄厚不同而不同。

减弱光线的面料可分为遮光面料和半遮光面料。遮光面料分为：复合面料（涂银或是涂白遮光布），是把化学涂层黏合在布料后面，达到完全遮光的效果，这种面料手感硬，不能单独做窗帘使用；织物面料，是经过至少两至三层的经纬编织而成，其中黑色纱线使用密度较高，以此达到遮光效果，可以纺织不同的花型达到装饰效果。

特殊功能的面料有阻燃面料和光触媒面料。阻燃面料可分为永久性阻燃和非永久性阻燃两种。永久性阻燃是指纱线经过阻燃后再织成面料；非永久性阻燃是指面料织好以后，经过化学浸泡达到面料表面的不燃烧，这种阻燃方式时间久了会挥发失去阻燃功效，或是在水洗后也会失效。另需特殊说明的是一种光触媒窗帘。这种窗帘利用化学物质二氧化钛做催化剂，可以与光能产生化学反应释放出净化空气的成分（可持续分解空气中的苯、甲醛、氨等）。而这种成分最终被分解为空气中的无害成分，如水、二氧化碳。这种成分同样也可以抗菌，分解微生物，抑制病毒的生长，灭菌率达到 99% 以上，可以吸收空气中的烟味及异味。

根据宴会厅的性质和风格，可以笼统地分为中式窗帘和西式窗帘。中式可分为古典（纯）中式和新中式两种。纯中式是以宫廷建筑为代表的中国古典建筑的室内装饰设计艺术风格，气势恢宏、壮丽华贵、高空间、大进深、雕梁画栋、金碧辉煌，造型讲究对称，色彩讲究对比，装饰材料以木材为主，图案多龙、凤、龟、狮等，精雕细琢、瑰丽奇巧。但中式风格的装修造价较高，且缺乏现代气息，通常只在家居中点缀使用。新中式风格更多地利用了后现代手法，颜色上体现中式的古朴，整个空间传统中透着现代，现代中糅着古典，以一种东方人的"留白"美学观念控制节奏，显出大家风范。选择窗帘的时候也可以考虑选一些仿丝的材质，因为真丝材质的窗帘不但价格偏高，而且不容易打理。现在市面上推出的仿丝材料，不但拥有真丝的质感、垂感和光泽，而且打理起来很方便，受到了很多人的青睐。另外中式的装修讲究方圆对称，因此我们在选这种仿丝材质的窗帘时也要选择一些对称设计。由于中式风格平和内敛，富有中国传统文化的韵味，窗帘的设计上也可采用充满中式元素的棉麻质感的印花布艺帘或者竹帘。棉麻印花布和竹帘突出中式的惬意休闲；选择丝绸质感或厚重感的面料，则凸显中式的端庄典雅。色彩上以米色、杏色、浅金、驼色等清雅色调为主。帘头设计不宜太过花哨繁杂，款式整体追求对称均衡、端庄稳健，流苏、云朵、盘扣等中式元素的配饰可作适当点缀。

西式窗帘也可分为传统欧式和简欧式。浓郁的传统欧式强调线条流动，色彩华丽，配合宴会厅的装修常以大理石及色彩冲击感强的壁挂来突出其风格。巴洛克风格充满华丽和动感，线条粗放，而洛可可的风格曲线纤细，效果典雅，色彩轻盈细腻，给人以亲切感。欧式窗帘一般要求宴会厅空间要比较大，否则无法展示其气势。其装修很讲究，通常会以壁炉、艺术画展、人体油画等来展现宴会厅的主题和文化内涵。而窗帘的花型可选择欧式经典纹样，突出华丽大气；工艺上多为提花或绣花织物，布面立体感强，比较有档次；面料考究，有锦缎质感和光泽的面料或高贵的丝绒面料都是不错的选择；颜色也应偏向于跟家具一样的华丽沉稳，金色、棕褐、暗红等都可以考虑。欧式风格的窗帘一般都需设计帘头，帘头款式以优美的波浪帘头为宜，搭配精致的流苏或珠花边更能起到画龙点睛的作用。

2. 地毯

地毯最初仅用来铺地，起御寒湿而利于坐卧的作用，在后来的发展过程中，由于民族文化的陶冶和手工技艺的发展，逐步发展成为一种高级的装饰品，既具隔热、防潮、舒适等功能，也有高贵、华丽、美观、悦目的效果，从而成为高级建筑装饰的必备产品。地毯以强烈的色彩、柔和的质感，给人带来宁静、舒适的优质生活感受，价值已经大大超越了本身具有的作用。地毯不仅可以让人们席地而坐。还能有效地规划界面空间，有的地毯甚至还成为凳子、桌子及墙头、廊下的装饰物。除此以外地毯还具有其他重

要功能：①地毯通过表面绒毛捕捉和吸附飘浮在空气中的尘埃颗粒，能有效改善宴会厅内室内空气质量；②地毯拥有紧密透气的结构，可以吸收各种杂声，并能及时隔绝声波，达到隔音效果，让宴会厅内显得更加宁静；③地毯是一种软性材料，不易滑倒或磕碰，非常适合宴会厅这种经常有老人、小孩等群体出现的场所。

（1）按材质分类。

①纯毛地毯。纯毛地毯采用天然纤维手工织造而成，具有不带静电、不易吸尘的优点，由于毛质细密，受压后能很快恢复原状。纯羊毛地毯图案精美，色泽典雅。我国的纯毛地毯是以土种绵羊毛为原料，其纤维长，拉力大，弹性好，有光泽，纤维稍粗而且有力，是世界上编织地毯的优质原料。目前，有的厂家将我国的土种绵羊毛与进口（如新西兰等国）毛纤维掺配使用，发挥进口羊毛纤维细、光泽亮等特点，取得了很好效果。纯毛地毯的质量为 1.6~2.6 千克／平方米，是高级宴会厅、会堂、舞台等地面的高级装饰材料。近年来还生产了纯羊毛无纺织地毯，它是不用纺织或编织方法而制成的纯毛地毯。

②混纺地毯。混纺地毯是以毛纤维与各种合成纤维混纺而成的地面装饰材料。混纺地毯中因掺有合成纤维，所以价格较低，使用性能有所提高。如在羊毛纤维中加入20％的尼龙纤维混纺后，可使地毯的耐磨性提高五倍，装饰性能不亚于纯毛地毯，并且价格下降。

③化纤地毯。化纤地毯也叫合成纤维地毯，如聚丙烯化纤地毯、丙纶化纤地毯、腈纶（聚丙烯腈）化纤地毯、尼龙地毯等。它是用簇绒法或机织法将合成纤维制成面层，再与麻布底层缝合而成。化纤地毯耐磨好并且富有弹性，价格较低，适用于普通宴会厅的地面装修。

④塑料地毯。塑料地毯是采用聚氯乙烯树脂、增塑剂等多种辅助材料，经均匀混炼、塑制而成，它可以代替纯毛地毯和化纤地毯使用。塑料地毯质地柔软，色彩鲜艳，舒适耐用，不易燃烧且可自熄，不怕湿。

（2）按供应的款式分类。

①整幅成卷供应的地毯。化纤地毯、塑料地毯以及无纺织纯毛地毯常整幅成卷供货。铺设这种地毯可使室内有宽敞感、整体感，但损坏更换不太方便，也不够经济。

②块状地毯。纯毛等不同材质的地毯均可成块供应。纯毛地毯还可以成套供货，每套由若干块形状、规格不同的地毯组成。花式方块地毯是由花色各不相同的小块地毯组成，它们可以拼成不同的图案。块状地毯铺设方便且灵活，位置可随时变动，这一方面给室内设计提供了更大的选择性，同时也可满足不同宴会主题的内涵，而且磨损严重部位的地毯可随时调换，从而延长了地毯的使用寿命，达到既经济又美观的目的。在室内巧妙地铺设小块地毯，常常可以起到画龙点睛的效果。小块地毯可以破除大片灰色地面的单调感，还能使室内不同的功能区有所划分。

三、电器设备的选用

宴会厅由于空间大，要求高，在选择电器设备时要优先考虑大功率、稳定性高、噪声小、技术先进、易于维护的设备。这些设备的成本比普通设备可能会昂贵一些，但是这部分的支出是值得的，比如空调设备，如果在选用的时候选择的功率较低，无法为客人提供舒适的空气环境，后期的更换成本反而更高。

宴会厅的电器设备涵盖了供配电系统、供热系统、给排水系统、消防系统、弱电系统、空调系统、电梯系统、厨房设备系统等，种类繁多、技术先进，且一旦安装和投入，一般在几年内是不会随意更换。针对不同的宴会，一般会添加少量的小型设备，这类设备在选用的时候，同样要注意设备的安全性、稳定性、低噪声等。小型设备的添置也不一定要酒店自行采购，可以通过租用、借用等方式，降低成本。

四、餐具的选用

餐具的选择也是宴会档次和规格的重要体现。本书在中式宴会设计和西式宴会设计中，会专门针对不同的主题宴会进行餐具的选择介绍，这里仅介绍一些共同的特性。

（一）安全方便

餐具是用来进餐使用的，因此首先要无毒无害，尤其是在高温中不会释放有害物质。此外，要根据用餐顺序和菜单安排使用相应的餐具。西式宴会的用餐顺序通常包括开胃菜、汤、沙拉、副菜、主菜、甜品等，因此在宴会桌上常用的餐具就有开胃刀、开胃叉、汤匙、鱼刀、鱼叉、主餐刀、主餐叉、甜品勺、甜品叉、黄油刀等。近年来国内外出现了"中菜西吃"的趋势，在一些国际大型宴会中，中式菜品也逐渐流行，即在西餐中以按"位上"的形式食用中式菜品，因此筷子逐渐走上西餐的餐桌。

（二）要有文化内涵和品位

餐具在满足基本的使用功能基础上，要根据宴会的主题选用合适的图案、造型，来提升宴会的文化品位。首先，要紧扣宴会主题选择颜色和图案。例如，G20峰会国宴中的餐具"西湖盛宴"中的所有餐具创意图案都是来自西湖实景，所有餐具也是以绿色为主色调，使所有餐具摆放在一起更加凸显宴会的隆重与时尚。其次，要注重食品安全，食物或饮料接触的地方避免有图案或者颜色。虽然无论是哪种上釉方式都是经过高温烧制，但是为了食品安全，防止重金属挥发造成的食物中毒，类似碗内壁、刀刃等部分都不能有图案或颜色。最后，颜色或图案不可过多，以免"喧宾夺主"，要与桌布、口布、椅套相匹配。餐具、酒具的颜色图案在整个宴会台面主要起点缀和"画龙点睛"的作用，要注意控制颜色或图案的数量。

常见餐具的几种材质如下。

（1）陶瓷餐具。陶瓷餐具的材质主要有一般陶瓷、强化瓷、骨瓷等，其中骨瓷颜色呈奶白色，釉彩比较鲜艳，厚度最薄，质量最轻，是目前行业中品质最好的一种材质，当然价格也最高，因此在宴会中使用骨瓷餐具能够提高宴会的品质。在选用陶瓷餐具时首先是看，优质陶瓷其表面光洁如玉，胎型平稳周整，釉彩和谐光亮。然后是弹，用手指轻弹瓷器，能发出清脆的叮当声，说明胚胎细密、烧结好。音调能够判断瓷器的厚薄，因为声音由物体振动产生，振动频率越快则音调越高，同等力度敲击，薄的瓷器振动频率高于厚的瓷器，音色圆润饱满说明瓷器内部没有空隙，是优质瓷器。音色粗糙说明内部质地不均匀，是劣质瓷器。最后是比，就是比较。对配套瓷器，要比较各配件，看其造型及画面装饰是否协调一致。尤其是成套的青花或青花玲珑瓷，因为青花呈色随烧成温度不同而发生变化，所以同是青花瓷，颜色有深有浅，一套几件乃至数十件的成套冷瓷器，如各件青花呈色有明显差异，这套瓷器就大为逊色了，不适合高档宴会使用。

（2）金属餐具。材质主要有不锈钢制品、银制品。不锈钢餐具由于其良好的金属性能，并且比其他金属耐锈蚀，制成的器皿美观耐用。不锈钢餐具性价比高，在灯光下有较好的光泽性，但是不可长时间盛放盐、酱油、醋、菜汤等，因为这些食品中含有很多电解质，如果长时间盛放，不锈钢同样会像其他金属一样，与这些电解质起电化学反应，使有害的金属元素被溶解出来。普通的纯色不锈钢餐具是宴会中最常见的餐具，在高档宴会中，金属餐具可以采用雕花、镀色等工艺提升品质。银制餐具分为纯银制作和不锈钢镀银两种，采用白银为原料，运用现代创新工艺，设计制作力求简洁流畅，给人一种简单的美感；同时长时间使用的银质餐具所特有的暗光泽能够给人一种历史感和厚重感。银制餐具的价格较高，且保养维护成本高，在灯光下的光泽效果不如不锈钢材质。

（3）玻璃制品。酒具的材质主要有玻璃杯和水晶杯。严格来讲，水晶杯其实也是玻璃杯的一种，最主要的成分也是二氧化硅，只是其中引入了铅、钡、锌、钛等物质使杯子具有较高的透明度和折射率，外观光洁晶莹。除此之外，水晶杯还有杯壁薄、质量轻、声音悠长圆润等特点，因此近年来水晶材质的酒具深受市场欢迎。选择水晶杯时应选择无铅的，含铅质的水晶杯在使用时铅可能会渗入酒中，对健康造成危害。

关于餐具的具体选择，本书后面的中餐宴会设计和西餐宴会设计中会详细讲解。

任务四　宴会菜单设计

菜单，是我们在服务过程中十分熟悉也十分重要的一项工具，菜单最早来源于拉丁语,意思是"指示的备忘录",是厨师用于记录菜肴的清单,现在菜单不仅是厨师使用,也是给客人使用,是餐饮企业的重要名片。

一、菜单的内涵与作用

美国餐饮服务业有句名言:"Everything starts from the menu!"(一切始于菜单!)。无论是对于顾客的消费还是对于餐厅的经营、管理,菜单都具有非常重要的作用。

(一)对顾客消费的作用

1. 菜单是沟通消费者与餐饮经营者的桥梁

由于餐饮企业的特点,餐饮企业很难像其他企业那样把所有的样品展示给顾客,餐厅通过菜单向顾客介绍餐饮产品、推销餐饮服务,顾客通过菜单了解餐厅类别、产品特色及价格等信息,选点自己所喜欢的菜品和饮料。

2. 菜单是餐饮销售的控制工具

餐饮企业的管理人员通过定期分析和调查菜单上每项菜肴的销售状况、顾客喜爱程度、顾客价格敏感程度等,为更换餐饮品种、改进生产计划与烹调技术、改善促销方案、修正定价方法等提供依据。

3. 菜单是餐饮促销的有力工具

菜单是餐厅的形象代表,上面的文字、图案、色彩、食品、菜肴图案等无一不是在向顾客宣传、推荐餐饮企业及其产品。菜单决定餐厅的档次和风格。菜单上食品饮料的品种、价格、质量、烹饪方法、服务方式决定了餐厅的特色和水准。一份设计独特、装饰精美的菜单,无疑能够起到广告宣传的作用。

4. 菜单决定餐饮服务规格和要求

豪华餐厅的菜单,研制的饮食多为高档次、高价位,相应的服务也更加高档、完善、细致。

(二)对餐饮企业管理方面的作用

1. 菜单决定食品原料的采购与储存

菜单是餐厅的产品目录,不仅决定了企业所需食品原料的品种、规格、质量,也决定了食品原料的采购方法、储存要求。

2. 菜单决定餐饮设备的选购

每种菜式都有相应的加工烹制设备和服务餐具,因此餐饮企业购置餐饮设备、餐具的种类、规格、性能、数量都取决于餐单的菜式品种、水平和特色。如制作北京烤鸭需使用挂炉,上蜗牛需要使用钳和签,饭碗不能盛鸡尾酒,菜盅不能当作咖啡杯。菜品越多,所需设备越多,菜式水平越高,所需设备越特殊。

3. 菜单决定厨师和服务人员的素质

菜单内容呈现的是餐厅的菜肴特色和服务水准,而要实现这些特色和水准,必须

通过厨师的烹饪加工和服务人员的服务。因此，餐饮企业配备的厨师和服务人员必须要能满足菜式制作和服务的要求。

4. 菜单决定餐饮成本的控制

菜单在决定餐厅档次与风格、原料与设备采购的同时，决定了餐饮成本的高低。用料珍稀、精雕细刻的菜肴，成本肯定高。餐饮企业可以通过调整不同菜肴的品种数量比例，有效控制餐饮成本。

5. 菜单决定厨房的布局

厨房内各业务操作中心布局，各种设备、器械与工具的定位，应以适合菜单上菜品的加工制作需要为准则。如快餐厨房和正餐厨房的设备安排相差甚远。

二、菜单的种类

依据不同的分类标准，菜单可以分为多种类型。

（一）根据菜单价格形式

1. 零点菜单

零点菜单即每道菜品都单独标价的菜单，顾客可以根据自己的需要自由选点，是餐厅中最基本、最常见，也是使用最广泛的菜单。其特点是：大部分菜品基本不变，品种较多，价格明确，分高、中、低三档，图文并茂，突出主菜与特色菜，反映餐厅的经营特色与水平。适用于饭店的各类中西餐厅、风味餐厅、咖啡厅等，不适合饭店的团体餐厅、自助餐厅及宴会和酒会服务。

2. 套餐菜单

套餐菜单即一个价格包含了整套餐饮组合。其设计时需要根据营养均衡的要求合理搭配荤素、冷热、主食、汤等。

（二）根据就餐时间

（1）早餐菜单。早餐菜单上所列经营品种，具有鲜明的早餐食品特点。

（2）正餐菜单。正餐菜单所包含的餐饮品种比较完整、齐全，可用于中、晚餐。如西餐正餐菜单包括头盘、汤、沙拉、副菜、主菜、甜点、咖啡等，一应俱全。

（3）宵夜菜单。宵夜菜单中餐厅使用较普遍，主要为习惯于夜生活的人而设计，使用时间通常是午夜前后。

（三）根据餐饮产品品种

（1）菜品单。即供顾客挑选菜肴品种的书面清单。

（2）饮料单。即供顾客挑选酒水品种的书面清单。酒水品种通常分为三类：纯饮酒类，如白兰地、威士忌、葡萄酒、啤酒等；软饮料类，如果汁、汽水、矿泉水、纯水等；混合饮品类，如鸡尾酒等。

（3）餐酒单。即供顾客挑选佐餐葡萄酒的书面清单，主要用于西餐厅。西餐的佐餐饮品一般是葡萄酒。

（4）点心单。即供顾客挑选各式点心、糕饼的书面清单。

三、菜单内容的设计

（一）菜品选择

菜单上列出的产品应保证供应。选择菜品时应考虑以下依据。

1. 目标顾客需求

目标顾客的需求因受到年龄、性别、宗教、饮食习惯、职业、收入、消费观念等因素的影响，在口味、热量、品种、价格、分量、营养、服务速度等方面会有较大的不同。如素食主义者需要低热量的菜品，高收入者需要高档菜品或特色菜品。

2. 餐厅的主题风格档次

菜单上的菜式品种及其品质必须体现餐厅主题的饮食内涵，菜单的艺术设计必须体现餐厅主题的饮食文化。

3. 菜品的获利能力

入选菜单的菜品需畅销且可营利，高、中、低三档价位的菜品组合应当合理。

4. 餐饮生产条件

厨具、库房、服务等设备条件和厨师的烹饪技术、服务员的服务水平决定菜单上菜品的供应质量与供应速度。因此，可适当选择造型优美的菜肴、制作稍复杂的菜肴、成菜速度稍慢的菜肴，但不能多，应少而精。

5. 菜点品质

菜肴的色、香、味、形、器、意境等应多样化，不应重复味道相同或相近的菜肴，应突出食用性、营养性、技术性、艺术性。

6. 原料选择与供应

菜肴原料选取应多样化，让顾客获得不同营养成分，实现膳食平衡。但为确保入选菜单的菜品的供应，必须考虑到原料的供应情况，并且不能违反国家有关动植物保护的法规。

7. 菜肴销售趋势

入选菜单的菜品应当顺应菜肴的时尚潮流、发展趋势，且菜单应根据菜肴销售状况进行调整。

8. 竞争对手菜式品种

入选菜单的菜品应当与竞争对手的餐饮产品区别开来，尽量做到"独特"。

（二）菜品命名

菜品名称应满足以下基本要求：真实，充分体现菜肴的全貌和品种特色；雅致，能引起顾客食欲；外文名称应准确无误；好听、简洁，便于顾客识别和记忆；若菜单

专为主题宴会和主题活动设计时，菜品名称应突出主题。

（三）菜品介绍

菜单不能只是菜名、菜价的罗列，而应当有重点介绍的部分。菜单上需要着重介绍的菜肴主要有高利润菜、招牌菜、特色菜、厨师推荐菜、时令菜等。菜品介绍应突出关键性信息，主要包括菜品配料及独特的浇汁和调料、菜品的特殊烹调和服务方法、菜品的分量、菜品主要原料与营养、菜品上桌等候时间等。

（四）饭店或餐厅的背景介绍

可介绍餐厅的发展历史、规模、特点等。如肯德基刚进入中国市场时，菜单上就介绍了该集团的规模、历史背景、企业发展过程及这种炸鸡的烹调方法等。

四、菜单版面设计布局

（一）菜单内容排列顺序

菜单的各项内容应按合适的顺序进行安排，一般按上菜顺序排列。中式菜单一般排列顺序是冷盘、热炒、汤、主食、点心、水果，而热炒又是按海鲜类、禽类、肉类、鱼类、蔬菜类进行分类排列的。西式菜单的一般排列顺序是开胃菜、汤、沙拉、副菜、主菜、配菜、甜品、饮品。同时，设法将主菜和重点推销菜安排在最容易吸引客人注意力的位置，比如将主推菜安排在单页菜单的中心部分，或对折菜单的右页中央部位，或三折菜单第二页的中心部位，或菜单的开始处和结尾处，将每类菜的主要菜肴安排在每类菜肴的第一或最后的位置；如果是临时推销，可采用小卡片附在菜单上，或以插页、夹页、台卡的形式引起消费者的注意。

（二）菜单的表现形式、规格和篇幅

菜单的表现形式可以不局限于目前的书本杂志式。菜单的规格应与餐饮内容、餐厅类型、餐桌大小等因素相协调，使顾客拿起来舒适、读起来方便。调查资料表明，最理想的菜单规格为23厘米×30厘米（单页菜单）、20厘米×35厘米（双页菜单）、18厘米×30厘米（三页菜单）。

菜单的篇幅不能过满，应保持一定的空白，通常四周的空白应相等，文字所占篇幅不能超过50%，否则会使菜单看上去杂乱，妨碍顾客阅读和挑选菜肴。

（三）菜单艺术设计

1. 菜单封面与封底设计

菜单的封面与封底是菜单的门面，设计时应注意以下要求。

（1）菜单封面代表餐厅的形象，必须突出餐厅的经营特色、风貌特征、等级等。

（2）菜单封面的颜色应与餐厅内部环境的颜色相协调，当顾客点菜时，菜单可作为餐厅的点缀品。

（3）餐厅的名字与标志一定要设计在封面上，且应有特色、笔画简单、易读、易记忆。

（4）菜单的封底一定不要呈空白状，应当印有餐厅的地址、电话号码、营业时间及其他营业信息等，借此机会向顾客进行宣传。

2. 菜单插图与色彩运用

菜单中常用的插图主要有菜单图案、名胜古迹、餐厅外貌、本店名菜、重点人物在餐厅就餐的图片、几何图案、抽象图案等，一定要注意图案的色彩必须与餐厅的整体环境相协调，图案的内容要与餐厅的经营特色相对应。

菜单的色彩运用不仅要有利于介绍重点菜肴，还要能反映餐厅的风格和情调。因色彩能让人产生不同的心理反应，选择色彩时还要注意餐厅的性质和顾客的类型。

3. 菜单文字设计

菜单的文字部分主要是食品名称、描述性介绍、餐厅声誉的宣传等。首先菜单文字内容描述要突出重点，起到促销作用；其次文字字体应端正、易于辨认，字号应大小适当，以确保顾客在餐厅的光线下能很容易看清楚。一般可采用宋体、仿宋体、楷体书写菜名，采用阿拉伯数字排列、编号和标明菜品价格。菜单的标题和菜肴的说明可使用不同型号的字体，以示区别。同一个菜单一般不超过3种字体。

4. 菜单制作材料

制作材料的好坏不仅能反映菜单外观质量的优劣，也影响顾客对餐厅的第一印象。因此，在选择制作材料时，既要考虑餐厅的类型与档次，也要考虑制作成本，合理选材。一般来说，长期重复使用的菜单，选用经久耐磨又不易沾染油污的重磅涂膜纸张；分页菜单，往往由一个厚实耐磨的封面加上纸质稍逊的活页内芯组成。一次性使用的菜单，虽不用考虑其耐磨性、耐污性，但也要注意其品质，特别是高规格的宴会菜单，即使是使用一次，仍需要选材精良、设计优美，以充分体现宴会的服务规格和餐厅档次。

【行业资讯】

电竞主题客房发展迅猛

2018 年，发烧游戏 PC 品牌 Alienware 携手希尔顿，打造了一套以外星人设备为主题的酒店客房。不过中国的 Alienware 粉丝暂时还没有这个福利，想要体验的话，可以前往 Hilton Panama，并预订 2425 号房间。据悉，Alienware 主题客房里配备了 65 英寸 4K OLED 电视，一台搭载酷睿 i7 7800X 处理器、GTX 1080Ti 独显的 Alienware 台式机，同时还配有 XBOX 精英手柄，以及 Oculus Rift 虚拟现实头盔。如果不想使用台式机的话，那么客房还提供了一台 Alienware 游戏本，连接至 Alienware 34 英寸超宽屏显示器。同时还设置有专业的赛车座椅、交互式灯具、外星人抱枕、两张床铺及数不清的 Alienware Logo，堪称 Alienware 粉丝的理想乡。Hilton Panama 业务拓展总监 Andres Korngold 在接受 Homecrux 采访时表示："自开业以来，我们秉承着创新和差异化的服务理念，本次合作彰显了我们为提升改进所作出的努力的重要性。"

目前，这间外星人主题客房已经正式开放，报价为349美元/晚（人民币约2 196元）。嫌巴拿马太遥远，可望而不可即？那么华硕ROG玩家国度在国内的电竞酒店或许是一个更为实际的选择。华硕联合西安雅夫酒店打造了若干间电竞专属客房，每间房均配备了ROG玩家国度电竞套装，包括基于华硕ROG电竞板卡的电竞主机、ROG电竞显示器及ROG电竞键盘和鼠标。事实上，电竞酒店已经成为华硕ROG打造电竞生态的重点项目，除了西安，前不久与郑州温特美凡合作的电竞酒店也顺利开业。台湾桃园这家号称是"亚洲第一家电竞旅馆"的iHotel，同样也与华硕ROG有关，无论是电竞区还是房间，用的都是全套ROG装备。

而在上海、郑州等多个城市，电竞酒店也都如同雨后春笋般冒了出来。郑州Ty电竞主题酒店每间房都配备了英特尔i7 7700、微星1060显卡、16 GB内存、144 Hz电竞屏、赛睿Rival 310鼠标、外星人定制版光轴键盘、西伯利亚K5耳机、分体式水冷机箱以及傲风电竞座椅。房间里都配有内置新风系统，不用担心污浊的空气和雾霾，消费者完全可以尽情享受游戏的极致体验。同时搭配饮料和小食，还可以叫外卖，主要选址高校、社区或商圈周围。

电竞的火爆，带动了各种周边产业的发展，不仅出现了电竞大学、电竞主题公园，电竞酒店如今也如雨后春笋般在各地兴起。虽然产品并不是颠覆性和高大上的，但作为一个迎合、吸引当代年轻人入住的手段，"电竞"的噱头、高端的电脑配置、方便居住的便利条件，完美迎合了部分游戏玩家。

（资料来源：中国旅游饭店业协会）

【项目小结】

本项目讲解了宴会场景与环境设计，涉及宴会场地安全与氛围设计、宴会场地声光设计、宴会物品（包括家具、餐具、电器设备）设计与选用、宴会菜单设计的知识和内容，围绕如何为客人提供安全、便利、舒适、有文化品位的用餐环境开展宴会设计工作。

【项目练习】

1. 考察一家酒店的宴会厅，对其灯光、音乐、家具、餐具进行调研和分析。
2. 为当地一家酒店设计一套婚宴菜单。

项目三
中式宴会台面设计

》 学习目标

• 熟悉中式宴会的台面设计原则，掌握中式宴会台面设计和摆放规范，能够对中式宴会中的家庭类宴会、商务类宴会进行有针对性的设计。

• 赏析中式宴会的台面设计，并从中得到启发。

》 知识点

中式宴会台面设计原则；中式宴会台面设计和摆放规范；中式宴会台面赏析。

【案例导入】
2017 金砖国家峰会宴会用瓷 "海上明珠"

金砖国家峰会是由巴西、俄罗斯、印度、南非和中国五个国家召开的会议。传统 "金砖四国" 引用了巴西、俄罗斯、印度和中国的英文首字母。由于该词与英语单词的砖类似，因此被称为 "金砖四国"。南非加入后，其英文单词已变为 "BRICS"，并改称为 "金砖国家"。2017 年 9 月 3 日，金砖国家领导人第九次会晤在福建厦门举行，会晤的主题为 "深化金砖伙伴关系，开辟更加光明未来"。会晤围绕当前国际形势、全球经济治理、金砖合作、国际和地区热点问题等主题深入交换看法，回顾金砖合作 10 年历程，重申开放包容、合作共赢的金砖精神。会议取得了丰硕的成果，会议期间的宴会也是令各国领导人和与会嘉宾十分难忘，在宴会中，有一套 "海上明珠" 的宴会用瓷，吸引了许多人的目光。

这套 "先生瓷·海上明珠" 纹脉正、造型简约、图案厚重有力量，非常具有国际范儿。瓷器外观的 "中国浪" 与会标上的五国风帆相呼应，金色小岛和万国建筑相互映衬，更是代表了美好寓意——金砖国家的合作将千帆竞发，驶向更加美好未来。这套瓷器主要是以白底加青花的设计，非常简约大气。因为 "金砖峰会" 是在厦门举行，整个瓷器都是以厦门元素为背景来设计的，比如这个海浪的设计灵感主要来源于鼓浪屿的海浪。国宴上的一套瓷器上桌背后往往是无数次的修改调整和上百套备用瓷器的准备。据了解,设计师们精益求精,餐具的设计手稿叠起来有 2 米多高,最终呈现的产品甚至让设计师们惊叹,比想象中的还要好看。正是有了设计师们辛勤努力和对中国文化的深入发掘,才能让国宴中有如此完美的餐具。

（资料来源：搜狐网）

任务一　中式宴会台面设计的作用与原则

一、中式宴会台面设计的作用

所谓中式宴会台面是指以圆桌台面为主，桌上摆放转盘，中央摆设鲜花，一般直径 1.8 米的圆桌摆设 8 个或 10 个座位。使用中式餐具，摆台件数根据宴会标准和菜单编排来配备，如 7 件头、9 件头、12 件头等，相对集中地摆放在每位客人餐位前，间距适当，美观大方，整齐一致。台面中心用各种艺术形式进行装饰造型。

宴会台面设计是发源于西方的一种餐桌布置艺术，流入我国之后，与我国历史悠久的中餐文化融为一体，相得益彰，融合了我国的中式插花、雕刻、书法、绘画、刺绣等传统文化，推动了饮食文化的发展。

设计宴会台面具有以下作用。

（一）明确体现宴会主题

无论是婚宴、寿宴、百日宴、接待宴，在中国文化中，宴会的举办肯定是有具体的主题和希望达成的目标，希望通过宴会传达某些信息和讯号。中式台面设计就是通过台型、口布、餐具等摆设和造型，巧妙地将宴会主题艺术地展现在餐桌上。如孔雀迎宾、喜鹊登梅、青松白鹤、松下童子等台面，分别反映了喜迎嘉宾、佳偶天成、庆祝长寿、尊师重道的宴会主题，客人们能够很快将自身的情感与宴会主题产生共鸣。

（二）烘托宴会氛围

宴会自古以来就具有社交性，讲究进餐气氛。在上一章节，我们已经讲了声光、绿植、家具等都是营造宴会气氛的重要手段。当客人走进宴会厅坐下之后，看到了宴会服务人员提供的宴会设计，看到餐桌上造型别致的餐具陈设、千姿百态的餐巾折花、玲珑鲜艳的餐桌插花，隆重、高雅、洁净、轻松的气氛便跃然席上，更能给普通的用餐过程增添许多情趣。

（三）提升宴会档次

通常情况下，宴会档次与台面设计档次成正比。就如同人们着装一样，日常生活可能穿着普通服装，遇到人生重大时刻或出席重大活动，需要盛装打扮一番。一般宴会台面布置简洁、实用、朴素，高档宴会台面布置复杂、富丽、高雅，通过一系列的宴会台面装饰和布置，让来宾感受到被尊重。

（四）方便确定宾客座位顺序

中国文化中对于座位顺序是十分讲究的，在中餐宴会中通过对餐桌用品的布置来确定宾客座序，确定主桌与主位，如用口布来确定主人与其他客人的席位。来宾能够

根据自己的身份和宴会的主题找到适合自己的座位入座，做到不失礼仪。

（五）体现宴会服务人员的管理水平

如何做好摆台与装饰是宴会服务中一项技术性较高的工作，是餐饮服务人员必须掌握的一门基本功。台面设计是宴会设计的重要内容之一，一台精美的席面既反映出宴会设计师高超的设计技巧和服务员娴熟的造型艺术，又反映出酒店的管理水平和服务水准，通过台面设计，也能让宾客看出酒店管理人员的文化内涵和创新精神。

二、中式宴会台面设计的原则

中式宴会文化博大精深，对于宴会设计者来说，如何设计一场让客人满意的宴会需要知识、经验的积累，也需要学会将传统文化创新运用，只有这样才能不断根据客情的变化来调整宴会设计。但是"万变不离其宗"，中式宴会的设计也有一些基本原则来遵循。

（一）突出中华民族传统文化

中华民族有 5 000 多年的文明历史，创造了灿烂的中华文明，积累了大量的文化记忆。中式宴会首先要突出"中"，就是要将中华民族的传统文化融入宴会设计中去，能够让客人在环境布置、主题装饰、菜品等方面都能够感受到某些中式传统文化元素，并且这些元素能够让他产生共鸣。比如接待山东潍坊的客人，就要将风筝的元素融入其中；而重庆的客人看到洪崖洞、吊脚楼也能产生共鸣。虽然目前出现了中餐西吃、中餐西做，但还是以传统的烹饪文化为基础进行改良。

（二）体现鲜明的地方特色

中式宴会特色的集中反映是它的民族特色或地方特色，通过地方名特菜点、民族服饰、地方音乐、传统礼仪等展示宴会的民族特色或地域风格，反映某个地区或民族淳朴的民俗风情。除了当地的民族和地方文化，优秀的宴会还应突出本酒店或本企业的风格特征，比如北京市的大海碗店，就以传统的老北京炸酱面作为本店的特色，衍生出一套特色的仪式、菜品，让来宾能够感受到浓浓的老北京文化。中式宴会设计贵在特色，可在菜点、酒水、服务方式、娱乐、场景布局或台面上来表现。不同的进餐对象，由于其年龄、职业、地位、性格等不同，其饮食爱好和审美情趣也不一样，因此宴会设计不可千篇一律。

（三）突出宴会的主题

正如前面所讲，宴会都有目的，目的就是主题，围绕宴饮目的，突出宴会主题，乃是宴会设计的宗旨。如举办国宴是想通过宴饮达到国家间相互沟通、友好交往的目的，因而在设计上要突出热烈、友好、和睦的主题氛围；婚宴是庆贺喜结良缘，设计时要突出吉祥、喜庆、佳偶天成的主题意境；寿宴就是要反映对寿星长寿的祝愿；宝宝宴就是要突出对孩童聪明伶俐、健康成长的祝福。宴会设计者要根据不同的宴饮目的，突出不同的宴会主题，是宴会设计的基本要求。因此，在宴会设计之前，要多和宴会举办者沟通，全面掌握宴会信息，了解宴会的真实意图。

宴会设计主题从环境布置、布草颜色、菜品名称、餐巾折花等各方面都能够得到体现，具体的设计方法我们会在后面进行讲解。

（四）保障客人安全舒适的用餐过程

保障消费者的人身财产安全是经营企业的首要任务。宴会既是一种欢快、友好的社交活动，同时也是一种颐养身心的娱乐活动。赴宴者乘兴而来，为的是获得一种精神和物质的双重享受，因此，安全和舒适是所有赴宴者的共同追求。在进行宴会设计时要充分考虑电、火、食品卫生、建筑设施、服务活动等不安全因素，避免顾客遭受损失。此外，优美的环境、清新的空气、适宜的室温、可口的饭菜、悦耳的音乐、柔和的灯光、优良的服务是所有赴宴者的共同追求，能够提高满意度，促进宴会目的达成。宴会设计者在设计过程中，要将心比心，多从顾客的角度去考虑，不能因为自身工作困难而降低服务标准。

（五）充分考虑经济性和可持续性

作为企业，酒店举办宴会的最终目的是获得利润。因此，在宴会设计的过程中，也要充分考虑经济性原则，对宴会过程中的各个环节的成本进行认真的核算，这既是为了企业营利，也是中华文化节约精神的体现，比如在同等效果的前提下优先选择性价比高的产品，循环使用一些装饰性的物料。要站在可持续发展的角度来考虑经营，台面设计材质应环保无污染；布草、托盘等物品能够循环使用；鲜花或绿植尽量选择性价比较高的品种；不提供野生动物、保护动植物菜品等。环保正在成为餐饮行业发展的"增长新引擎"。在这种大环境下，无论是积极投身于环保可持续建设的各类酒店，还是为环保可持续餐饮提供助力的"第三方"力量，都将成为环保可持续餐饮的驱动力量。

（六）尊重风俗习惯及礼仪

我国有 56 个民族，不同的民族、宗教有自身的风俗习惯和礼仪礼节，服务人员在设计台面的时候，要充分考虑来宾的礼仪习俗、饮食习惯、生活禁忌，以免造成误会，这些需要服务人员通过自身的经验积累以及与宴会联系人员多沟通交流来实现。

（七）整体协调美观

中餐台面设计的元素丰富，在搭配各个元素的时候要考虑 1+1 > 2 的效果。台面设计应协调统一，艺术美观。台面的装饰要符合宴会厅整体风格，富有艺术性。普通宴席的装饰不能过于华丽，以免与菜肴相比，形成喧宾夺主的局面，同时也会加大经营成本。高档宴席不能布置得过于简单，否则无法体现宴会的主题、规格及高雅隆重的氛围。宴会餐台摆放成几何图形，餐椅摆放整齐一致；餐椅、台面的色彩与宴会厅环境协调、平衡；台面大小与进餐者人数相适应，席位安排有序；台面上的布件、餐

具、用具、装饰品要配套、齐全、洁净，布局要整齐划一。例如，在中餐餐具摆放时，应相对集中，位置恰当，横竖成行（列），餐具布局上下间距1.5厘米，左右间距1厘米，酒杯的中心点成直线，筷子、勺与台面中心点的虚线平行。圆形餐台，各餐具都应以圆心直线为准，围绕圆心平行于圆心直线，合理而协调地放置。公用器具摆放对称美观，使用方便，数量恰当，把柄、标签朝外，方便客人取用。摆放带有图案的餐具，图案方向一致，餐具的图案、花纹、长短、高低搭配合理。善于利用不同材质、造型、色彩的餐具进行组合，如由玻璃餐具组成的全玻璃台面显得雍容华贵、晶莹剔透；陶瓷餐具乡土气息浓郁；紫砂餐具显得历史悠久。

任务二　中式宴会台面设计和摆放规范

一、中式宴会台型设计

无论是多功能厅，还是小型的专门宴会厅；无论是一个单位举办宴会，还是多个单位在同一厅内举办宴会，都必须进行合理的台型设计。宴会台型设计就是将宴会所用的餐桌按一定要求排列组成的各种格局。结合中式宴会的特点，中式宴会台型设计的总体要求是：突出主台，主台应置于显著的位置，呈一定的几何图形；餐台的排列应整齐有序，间隔适当，既方便来宾就餐，又方便席间服务；留出主行道，便于主要宾客入座。宴会类型不同，台型设计也有一定的区别，下面介绍各种宴会的台型设计。

（一）宴会厅内只有一家举办宴会

这种情况适用于整个宴会厅内只有一家单位或一个家庭举行宴会。其餐台的安排要特别注意突出主台，主台安排在面对门的餐厅上方，面向众席，背向厅壁，纵观全厅。包房里面只有一桌至两桌的情况一般不需要进行台型设计，三桌以上可参考以下台型设计。

1. 三桌的情况

三桌可以排列成"品"字形，或竖或横一字排，中间的一桌为主台，如下图所示。

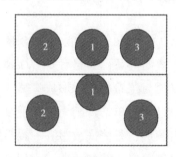

三桌台型设计

2. 四桌的情况

四桌可根据场地排列成正方形或者菱形，餐厅上方的一桌为主台，如下图所示。

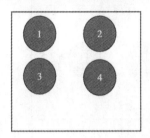 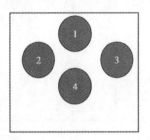

四桌台型设计

3. 五桌的情况

五桌的情况可排列成"立"字形或梅花形等。如果宴会厅是正方形，可以在厅中心摆一桌即主桌，在四个角落各摆一桌；如果宴会厅是长方形，可以将主桌放在正上方，其余四桌放在下方，如下图所示。

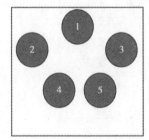 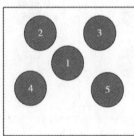 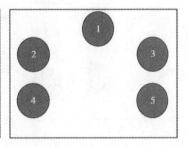

五桌台型设计

4. 六桌的情况

可排列成圆形、金字塔形或两排等，顶尖一桌为主台，如下图所示。

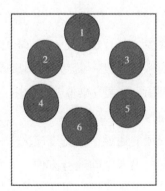 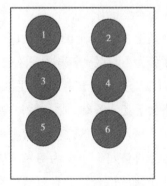

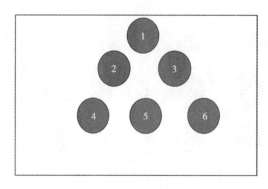

六桌台型设计

5. 七桌的情况

如果在正方形的宴会厅可以将七桌摆成花瓣形状,中心一桌为主桌;如果是在长方形宴会厅可以将主桌摆在正上方,其余六桌在下方,如下图所示。

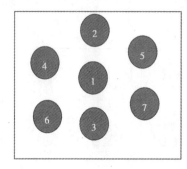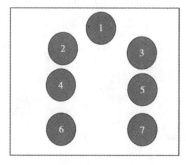

七桌台型设计

6. 8~30 桌的中型宴会台型设计

这种情况下,可以将主桌摆放在宴会厅的正面或者居中,突出主桌,其余桌按照顺序排列,可以双排甚至三排。

7. 大型宴会台型设计

大型宴会是指 30 桌以上的宴会,由于桌数多,为了方便统一指挥和服务人员服务,可以将宴会厅分为主宾区、来宾区等区域。主宾区可以设一桌,用大圆桌或用回字形台、U 形台等,也可以设三桌或五桌,即一主两副或四副。主宾餐桌位要比副主宾餐桌位突出,同时台面要略大于其他餐桌。来宾区,视宴会的大小可分为来宾一区、二区、三区等。大型宴会的主宾区与来宾区之间应留有一条较宽的通道,其宽度应大于一般来宾席桌间的距离,如条件许可,至少为两米,以便宾主出入席间通行方便。大型宴会要设立与宴会规模相协调的讲台。如有乐队伴奏,可将乐队安排在主宾席的两侧或主宾席对面的宴会区外围。

(二)宴会厅内有多家举办宴会

这种情况多数出现在婚宴、订婚宴等家庭宴会中。如在一个宴会厅同时有两家或多家以上单位或个人订酒席,就应以屏风将其隔开,避免相互干扰和出现服务差错。

目前许多高档宴会厅都有活动隔断，可以将大型宴会厅隔断成数量不等的小型宴会厅。餐台排列可视餐厅的具体情况而定。一般排列的方法是：两桌可横或竖平行排列；四桌可排列成菱形或四方形；桌数多的，排列成方格形。

二、中餐宴会台型布置注意事项

（一）中式宴会十分强调主桌的位置

两桌以上的多桌宴会首先要确定主桌，主桌一般只设 1 个，安排 8~20 人就座。主桌又称主台，俗称"1 号台"，是供宴会主宾、主人或其他重要客人就餐的餐台，是宴请活动的中心部分。主桌设在宴会厅的上首中心位置，一般面对大门，背靠主体墙面（指装有壁画或加以特殊装饰、较为醒目的墙面）。如受厅房限制，也可安排在主要入口的大门左侧或右侧中间，将面向大门的通道作为主通道。主通道应比其他通道宽敞一些。其他餐台座椅的摆法、背向要以主桌为准。如从会见厅到主桌不通过主通道时，还应有主宾通道。中餐宴会桌面一般是直径为 2 米及以上的圆桌桌面，根据所坐人数选择相应规格的台面，主桌台面应大于其他餐桌台面，中间不设转台，而摆花台、花坛或其他装饰台。主桌的餐椅、台布、餐具的规格均应高于其他餐桌。出席贵宾较多时，可设若干副主桌。大型宴会其他餐桌的主次位置以离主桌的远近和方向来定，按近高远低、右高左低的原则来排定桌号顺序。

（二）中式宴会要有针对性地选择台面

一般直径为 150 厘米，每桌可坐 8 人左右；直径为 180 厘米的圆桌，每桌可坐 10 人左右；直径为 200~220 厘米的圆桌，可坐 12~14 人；如主桌人数较多，可安放特大圆台，每桌坐 20 人左右；直径超过 180 厘米的圆台，应安放转台，不宜放转台的特大圆台，可在桌中间铺设鲜花。

（三）中式宴会台型布置要整齐、协调

设计台型时需要按照宴会通知单告知的桌数、人数，选择大小一致、颜色一致、风格一致的圆桌、座椅，根据餐厅的面积、地形、门的朝向、主体墙面位置等设计台型布局，多而不拥挤，少而不空旷。各桌台型应统一，主桌可例外。不规则、不对称的厅房，由于门多、有柱子，可通过设计改变和利用其短处。宴会桌数不同，则台型布局也不同。台型排列应整齐划一、间隔适当、布局合理、左右对称。所有的桌脚一条线，椅子一条线，桌布一条线，花瓶一条线，保持横竖成行（列），呈几何图形。

（四）做好桌号标识和指示牌

台号是餐台位置的标识，可方便客人入座以及提供服务。一般按剧院座位排号法编号，左边为单号，右边为双号，采用小写的阿拉伯数字印刷体。编排桌号时应照顾到宾客的风俗习惯，小型宴会也可用花名作为台号。台号号码架的高度不低于 0.4 米，使客人从宴会厅的入口处就可清楚看到，餐台少时可适当低一些。台号架一般放在餐

台中央，也可放于主人、主宾餐位中间靠餐台内侧。台号牌应保持清洁。此外，宴会开始前，应画出宴会的整个场景示意图，使客人从餐厅的入口处就可以看到桌子的号码和位置。也可制作成二维码，客人扫描即可查看自己的座位。宴会的组织者按照宴会图来检查宴会的安排情况和划分服务员的工作区域。

（五）多台宴会设计时要方便使用

要根据宴会厅的结构形状、面积大小、宴会档次等设置相关的辅助区域。签名台、礼品台多选用长条形餐桌，一般设在宴会厅大门外。备餐台又称服务桌，多靠边、靠柱摆放，与服务的餐桌要靠近，与宴会厅布局要协调，做到既整体美观又方便操作。一种是长条桌(可用小方桌、活动折叠桌拼接)，大型宴会使用较多；另一种是带柜橱的服务桌，内部可以存放各种餐具，适合零点餐厅使用。备餐台的位置、大小统一，桌上备有客人需更换的餐具与酒水，分菜服务可在桌上进行，然后送给客人。大型宴会可设临时酒水台，方便值台员取用。要精心布置酒水台，使之具有一定的装饰效果。酒水台的规格、数量、形状从实际出发，不做统一要求。一些商务宴会需要设置讲话致辞区域，在主席台上要设置横幅、徽章、Logo、旗帜等，以表明宴会性质，如果不设主席台的宴会厅，要在主桌后面用花坛或大型盆景等布置宴会背景装饰墙。主席台上要配有立式话筒或简易讲台。

三、中式宴会摆台规范

确定好中式宴会的台型布局之后，要根据设计好的台面，进行摆台。不同的餐饮企业以及不同的宴会标准之间有着不同的摆台程序，没有固定的标准，下面我们按照常见的中式宴会摆台程序结合全国职业院校技能大赛的标准，对中式宴会摆台规范进行介绍。

（一）检查环境和物品

在正式摆台前，先检查餐桌、座椅以及地面等是否符合安全、卫生等要求，以避免因为桌子不稳、地面不干净等拆掉后重新摆台，造成不必要的浪费。

中餐摆台
餐前准备

（二）铺台布

第一步确定站位。将座椅拉开，站在副主人位置上，把折叠好的台布放于台面上。

中餐摆台

第二步拿捏台布。右脚向前迈一步，上身前倾，将折叠好的台布从中线处正面朝上打开，两手的大拇指和食指分别夹住台布的一边，其余三指抓住台布。两边在上，用拇指与食指将台布的上一层掀起，中指捏住中折线，稍抬手腕，将台布的下一层展开。

第三步铺台布。中式宴会的桌布一般采用推拉式、抛网式和撒网式。推拉式铺台即用双手将台布打开后放至餐台上，将台布贴着餐台平行推出去再拉回来。这种铺法多用于零点餐厅或较小的餐厅，或因有客人就座于餐台周围等候用餐时，或在地方窄小的情况下。抛网式铺台即用双手将台布打开，平行打折后将台布提拿在双手中，身体呈正位站立式，利用双腕的力量，将台布向前一次性抖开并平铺于餐台上。这种铺台方法适合于较宽敞的餐厅或在周围没有客人就座的情况下进行。撒网式铺台即用双手将台布打开，平行打折，呈右脚在前、左脚在后的站立姿势，双手将打开的台布提拿起来至胸前，双臂与肩平行，上身向左转体，下肢不动并在右臂与身体回转时，台布斜着向前撒出去，将台布抛至前方时，上身转体回位并恢复至正位站立，这时台布应平铺于餐台上。抛撒时，动作应自然潇洒。

第四步台布定位。台布抛出去后要保证台布平整无皱纹，台布中间的十字折纹的交叉点正好处在餐桌圆心上，中线凸缝在上，直对正、副主人位，台布四角下垂均等，以 10~20 厘米为宜。

（三）铺装饰布

有些中高档宴席为了丰富、美化台面，根据需要选择与台布颜色不同的装饰布，铺放在台布上。一般为正方形，四周下垂距离相等。

（四）椅子定位

布草铺设完毕后，把所有的座椅按照两两成一条直线的形式均匀摆好，椅子边缘与桌布相切，使桌布能够自然下垂。一些宴会还有与宴会主题相匹配的椅套，椅套的套取不要用力过猛，以防止被椅子的最宽处撑破。

（五）摆放中心主题装饰物

中心主题装饰物要放置在餐桌的中央，中心主题装饰物是整个中式宴会台面设计的核心，也是亮点，本书将在后面进行详细介绍。在摆放的时候，要注意将观赏面朝向主人位，高度不能影响客人之间的交流。

（六）摆放餐具

骨碟定位。中式宴会餐具的摆放一般从骨碟定位开始。从主人位开始，顺时针方向依次摆放骨碟。骨碟正对着餐位，盘边与桌边的距离为1.5厘米。盘中心与椅子中心对齐，相对餐碟、餐桌中心、椅背中心五点一线。骨碟之间距离相等，盘中主花图案在上方正中间。正、副主人位的骨碟应摆放于台布凸线的中心位置。按上述方法依次摆放其他客人的骨碟。骨碟摆放在看盘上面，图案要对正。

摆筷架、筷子、汤匙、味碟。筷架摆在餐碟右边，位于筷子上部三分之一处，筷子后端距桌边1.5厘米，筷套图案向上。牙签位于长柄勺和筷子之间，牙签套正面朝上，底部与长柄勺齐平。味碟位于餐碟正上方，相距1厘米。

摆酒具。葡萄酒杯摆在味碟正上方2厘米处。白酒杯摆在葡萄酒杯的右侧，与葡萄酒杯的距离约为1厘米。水杯摆在葡萄酒杯的左侧，距离葡萄酒杯约1厘米。三个杯子成一条斜直线。

摆放汤碗、公用具。汤碗位于味碟左侧，与味碟在一条直线上，汤碗、汤勺摆放正确、美观。将汤匙摆在口汤碗内，匙把向右。在正、副主人汤匙垫的前方2.5厘米处及两边，各横放一副公筷架，摆放公筷、公匙。筷子手持端向右，公匙摆在公筷下方。10人以下摆2份菜单，摆在正、副主人席位右侧，下端距桌边1厘米，12人以上摆4份菜单，摆成"十"字形。菜单也可竖立摆放在水杯旁边，高档宴会每位宾客席位右侧都摆放一份菜单。台号牌放在中心花饰的左边或右边，并朝向大门入口处。

（七）摆放餐巾花

主桌或主位的餐巾花应与其他桌面或餐位有所区别，要更加突出、更加精美。主花摆在主位上，副主位为次高花，整个台面上的花型高低均匀、错落有致。餐巾花对称、均衡，餐巾花要整齐美观、间距一致。如果使用杯花，将餐巾花插入水杯或酒杯中，用杯口加以约束，取出后即散形。优点是花型多，餐巾花向空间发展，立体感强；缺点是餐巾花打开后褶皱较多，不美观。中餐使用较多，能形象地体现东方美食情韵，充满欢乐、吉祥、热烈的气氛。如使用盘花，将餐巾花放在台面或餐盘中，造型完整，因为有较大的接触面成型后不会自行散开，简洁明了，个性突出，适用范围广。近年来，餐巾扣使用较多。将餐巾整个卷好或折叠形成一个尾端，套在餐巾环内，平放在骨碟上。餐巾环材质有银质、骨质、象牙质等，有的环上还有纹饰和徽记。也可用色彩鲜艳、对比强烈的丝带或丝穗代替餐巾环，在餐巾卷的中央系成蝴蝶状，配以小枝鲜花于装饰盘或餐盘上，高雅精致，简洁明快。盘花和环花过去常用于西餐，如今中高档宴会餐巾花较多趋向于造型简单、折法快捷、清洁卫生的盘花和环花。

【知识链接】

全国职业院校技能大赛主题宴会设计模块评分表

序号	M= 测量 J= 评判	标准名称或描述	权重	评分
A1 仪容仪态（2分）	M	制服干净整洁，熨烫挺括合身，符合行业标准	0.2	Y/N
	M	工作鞋干净，且符合行业标准	0.2	Y/N
	M	具有较高标准的卫生习惯；男士修面，胡须修理整齐；女士淡妆	0.2	Y/N
	M	身体部位没有可见标记；不佩戴过于醒目饰物；指甲干净整齐，不涂有色指甲油	0.2	Y/N
	M	合适的发型，符合职业要求	0.2	Y/N
	J	所有的工作中站姿、走姿标准低，仪态未能展示工作任务所需的自信	1	0
		所有的工作中站姿、走姿一般，处理有挑战性的工作任务时仪态较差		1
		所有的工作任务中站姿、走姿良好，表现较专业，但是仍有瑕疵		2
		所有的工作中站姿、走姿优美，表现非常专业		3

续表

序号	M=测量 J=评判	标准名称或描述	权重	评分
A2 准备 工作 （1分）	M	巡视工作环境，进行安全、环保检查	0.5	Y/N
	M	检查服务用品，工作台物品摆放正确	0.5	Y/N
A3 宴会 摆台 （8分）	M	台布平整，凸缝朝向正、副主人位	0.4	Y/N
	M	台布下垂均等	0.3	Y/N
	M	装饰布平整且四周下垂均等	0.3	Y/N
	M	从主人位开始拉椅	0.2	Y/N
	M	座位中心与餐碟中心对齐	0.2	Y/N
	M	餐椅之间距离均等	0.2	Y/N
	M	餐椅座面边缘与台布下垂部分相切	0.1	Y/N
	M	餐碟间距离均等	0.2	Y/N
	M	相对餐碟、餐桌中心、椅背中心五点一线	0.2	Y/N
	M	餐碟距桌沿1.5厘米	0.05×8	
	M	拿餐碟手法正确（手拿餐碟边缘部分）、卫生	0.1	Y/N
	M	味碟位于餐碟正上方，相距1厘米	0.05×8	
	M	汤碗位于味碟左侧，与味碟在一条直线上，汤碗、汤勺摆放正确、美观	0.1	Y/N
	M	筷架摆在餐碟右边，位于筷子上部三分之一处	0.2	Y/N
	M	筷子、长柄勺搁摆在筷架上，长柄勺距餐碟距离均等	0.1	Y/N
	M	筷子的筷尾距餐桌沿1.5厘米，筷套正面朝上	0.2	Y/N
	M	牙签位于长柄勺和筷子之间，牙签套正面朝上，底部与长柄勺齐平	0.1	Y/N
	M	葡萄酒杯在味碟正上方2厘米处	0.05×8	
	M	白酒杯摆在葡萄酒杯的右侧，水杯位于葡萄酒杯左侧，杯肚间隔1厘米	0.05×8	
	M	三杯成斜直线	0.3	Y/N
	M	摆杯手法正确（手拿杯柄或中下部）、卫生	0.2	Y/N
	M	使用托盘操作（台布、桌裙或装饰布、花瓶或其他装饰物和主题名称牌除外）	0.1	Y/N
	M	操作按照顺时针方向进行	0.3	Y/N
	M	操作中物品无掉落	0.2	Y/N
	M	操作中物品无碰倒	0.2	Y/N
	M	操作中物品无遗漏	0.2	Y/N

续表

序号	M= 测量 J= 评判	标准名称或描述	权重	评分
A3 宴会摆台 (8分)	J	操作不熟练，有重大操作失误，整体表现差，美观度较差，选手精神不饱满	2	0
		操作较熟练，有明显失误，整体表现一般，美观度一般，选手精神较饱满		1
		操作较熟练，无明显失误，整体表现较好，美观度优良，选手精神较饱满		2
		操作很熟练，无任何失误，整体表现优，美观度高，选手精神饱满		3
A4 餐巾折花 (1分)	M	餐巾准备平整无折痕	0.1	Y/N
	M	花型突出主位	0.2	Y/N
	M	使用托盘摆放餐巾	0.2	Y/N
	J	花型不美观，整体不挺括，与主题无关，无创意	0.5	0
		花型欠美观，整体欠挺括，与主题关联低，缺乏创意		1
		花型较美观，整体较挺括，与主题有关联，有创意		2
		花型美观，整体挺括、和谐，突显主题，有创意		3
A5 主题创意设计与布置 (5分)	M	台面物品、布草（含台布、餐巾、椅套等）的质地环保，选择符合酒店经营实际	0.2	Y/N
	M	台面布草色彩、图案与主题相呼应	0.1	Y/N
	M	现场制作台面中心主题装饰物	0.3	Y/N
	M	中心主题装饰物设计规格与餐桌比例恰当，不影响就餐客人餐中交流	0.2	Y/N
	M	选手服装与台面主题创意呼应、协调	0.2	Y/N
	J	中心主题创意新颖性差，设计外形美观度差，观赏性差，文化性差	2	0
		中心主题创意新颖性一般，设计外形美观度一般，观赏性一般，文化性一般		1
		中心主题创意较新颖，设计外形较美观，具有较强观赏性，较强的文化性		2
		中心主题创意十分新颖，设计外形十分美观，具有很强观赏性，很强的文化性		3
	J	台面整体设计未按照选定主题进行设计，整体效果较差，不符合酒店经营实际，应用价值低	2	0
		台面整体设计依据选定主题进行设计，整体效果一般，基本符合酒店经营实际，具有一定的应用价值		1
		台面整体设计依据选定主题进行设计，整体效果较好，符合酒店经营实际，具有较好的市场推广价值		2
		台面整体设计依据选定主题进行设计，整体效果优秀，完全符合酒店经营实际，具有很好的市场推广价值		3

续表

序号	M= 测量 J= 评判	标准名称或描述	权重	评分
A6 菜单 设计 （2分）	M	菜单设计的各要素（如颜色、背景图案、字体、字号等）与主题一致	0.2	Y/N
	M	菜品设计能充分考虑成本等因素，符合酒店经营实际	0.2	Y/N
	M	菜品设计注重食材选择，体现鲜明的主题特色和文化特色	0.2	Y/N
	M	菜单外形设计富有创意，形式新颖	0.2	Y/N
	M	菜品设计（菜品搭配、数量及名称）合理，符合主题	0.2	Y/N
	J	菜单设计整体创意较差，艺术性较差，文化气息较差，设计水平较差，不具有可推广性	1	0
		菜单设计整体创意一般，艺术性一般，文化气息一般，设计水平一般，具有一定推广性		1
		菜单设计整体较有创意，较有艺术性，较有文化气息，设计水平较高，具有较强的可推广性		2
		菜单设计整体富有创意，富有艺术性，富有文化气息，设计水平高，具有很强的可推广性		3
A7 主题 创意 说明书 （1分）	M	设计精美、图文并茂、材质精良、制作考究	0.2	Y/N
	M	文字表述简练、清晰、优美，能够准确阐述主题	0.1	Y/N
	M	创意说明书制作与整体设计主题呼应，协调一致	0.2	Y/N
	J	创意说明书结构较混乱，层次不清楚，逻辑不严密	0.5	0
		创意说明书结构欠合理，层次欠清楚，逻辑欠严密		1
		创意说明书总体结构较合理，层次较清楚，逻辑较严密		2
		创意说明书总体结构十分合理，层次十分清楚，逻辑十分严密		3

任务三　中式宴会台面元素设计

中式宴会的台面设计元素是指布草、餐具、酒具、中心装饰物等物品，根据宴会主题需求，结合美学知识进行布局和设计，为客人提供方便、美观、和谐、高雅的用餐体验，具体的设计内容有以下9个方面。

一、布草类设计

（一）桌布的选择与设计

中餐的桌布一般为圆形，尺寸根据桌子直径不同而不同，如直径1.8米的桌子，桌布直径一般为2.4米，铺好后四周下垂距离地面为10厘米。在桌布的选用上首先要看

桌布材质，目前市场上常见的有全棉、亚麻、丝绸、化纤等材质。全棉材质的桌布垂坠感较好，但是容易起皱，不易清洁；亚麻材质的桌布强度高，但是手感较硬，让人感觉粗糙；丝绸材质的桌布轻薄、柔软、色彩绚丽、富有光泽，但是与全棉材质的桌布一样易起皱。化纤材质的桌布色彩鲜艳、质地柔软、悬垂挺括。

在确定好尺寸后，根据宴会主题和性质，重点选择桌布和桌裙的颜色，明确整个宴会的主基调。中式宴会的桌布可以采用纯色桌布、印花桌布。目前市面上出现较多的定制桌布，可将图案转印在桌布上，更能够突出主题。中式宴会桌布的颜色多数从"彩色系"中选择。

红色是中国人最喜欢的颜色，喜庆、热烈，让人感到温暖，容易引起人们的注意，也容易使人兴奋、激动、紧张、冲动。在婚宴、寿宴等喜庆热闹的中式宴会中，红色使用较为平凡，也是许多大型宴会厅中必备的颜色桌布，甚至一些口布和椅套也选用红色。

黄色是彩色中最明亮的色彩，因此经常给人留下明亮、辉煌、灿烂、愉快、高贵、柔和的印象，同时又容易引起味觉上的条件反射，给人以甜美和香酥感。此外，黄色有着金色的光芒，有希望与功名等象征意义，还代表着土地，象征着富裕。黄色是明亮的，是给人以甜蜜和幸福感的颜色。

蓝色给人以沉稳的感觉，且具有深远、永恒、沉静、博大、理智、诚实和寒冷的意象。同时，蓝色还能够营造出和平、淡雅、洁净及可靠的氛围，蓝色是冷色系中最典型的代表，会使人自然联想到大海和天空，所以会使人产生一种爽朗开阔和清凉的感觉。

绿色所传递的是清爽、理想、希望和生长的意象。绿色通常与环保意识有关，也经常使人联想到有关健康方面的事物。绿色与人类息息相关，是自然之色，代表了生命与希望，也充满了青春与活力。绿色本身具有特定的与自然、健康相关的感受，所以也经常被用于与自然、健康相关的宴会。

橙色的波长居于红和黄之间，橙色是十分活泼的光辉色彩，是最暖的色彩，给人以华贵而温暖、兴奋而热烈的感觉，也是令人振奋的颜色。橙色具有健康、活力、勇敢和自由等象征意义，橙色会使人联想到金色的秋天以及丰硕的果实，因此是一种富足、快乐且幸福的色彩。

白色作为纯粹、虚无、轻盈、光明及干净的象征。在主题设计中，白色具有洁白明快、纯真和清洁的意象，在中式主题宴会中，白色的使用频率也较高，但是纯白色的布草让人觉得单调，通常以"包边""印花"等形式增加一些活泼的元素。

金色是最辉煌的光泽色，它是太阳的颜色，它代表着温暖与幸福，也拥有照耀人间、光芒四射的魅力。自古以来，黄金的价值赋予金色以满足、奢侈、装饰、华丽、高贵、炫耀、神圣、名誉及忠诚等象征意义。金色具有极醒目的作用和炫辉感。它具有一个奇妙的特性，就是在各种颜色配置不协调的情况下，使用了金色就会使它们立刻和谐起来，并产生光明、华丽、辉煌的视觉效果。如果大量地运用金色，对空间和个体的要求就非常高，一旦使用不当容易产生"拜金主义"的效果。

（二）餐巾的选择

中式宴会的餐巾花是提升宴会品质、体现宴会服务人员水平的重要标志。餐巾的选择非常重要，一般餐巾是直径为45~50厘米的正方形，可用于盘花，也可以用于折叠杯花。下面从颜色、材质等方面来讲解中式宴会使用的餐巾的选择。

在颜色上，中式宴会餐巾的颜色要紧扣主题而变化，传统的餐巾都是纯白色，白色给人清洁卫生、恬静优雅感。近年来，丝光提花餐巾颜色的可选择性越来越多。粉红、粉蓝的餐巾能带来卡通和温馨的效果；橘黄、鹅黄的餐巾可以带来富裕、充实的效果。即使使用白色，也要进行包边、印花等装饰，以免产生单调的感觉。通常，一个主题宴会口布的颜色是一致的，也可以不同客人使用不同颜色或花纹的口布，但是要注意桌面上所有的口布与桌布的颜色要协调，不要造成整体颜色杂乱无章的感觉。

在材质上，餐巾与桌布一样，目前市场上常见的有全棉、亚麻、丝绸、化纤等材质。全棉材质的垂坠感较好，但是容易起皱，不易清洁；化纤材质的色彩鲜艳、质地柔软、悬垂挺括。因此在行业中，高档宴会经常使用棉质餐巾，但是要经过熨烫、上浆等保持其挺括。普通宴会常使用化纤材质。

在餐巾花造型的选择上，中式宴会的餐巾花可选用传统的杯花造型，也可以参照西餐宴会选用盘花造型。在折叠中，我们要突出主人位的餐巾，因此主人位的餐巾的高度要高于其他位置。此外，餐巾花样式的选择要尊重当地的民族宗教习俗和客人的喜好，同时紧扣宴会的主题。例如，在寿宴中可以折叠蜡烛、松树；在婚宴中可以折叠金鱼、天鹅等。

（三）椅套的选择

中式宴会的椅子常见是无扶手、配有椅背的钢架软面椅子。这种椅子配上椅套更能突显主题和风格。当前的酒店流行使用白色弹力椅套，这种椅套可以适用于大多数规格的椅子，并且方便套取和清洗。为了提升宴会的档次，进一步呼应主题，椅套也可以选择和主题桌布相匹配的颜色，还可以在椅套上加椅帽或在椅背上扎蝴蝶结等装饰。例如，婚宴中常见的就是以彩纱蝴蝶结进行装饰。椅套的材质要避免采用涤纶或丝制品等，避免因摩擦力影响客人入座。中式宴会中的圈椅等椅子就无法制作椅套装饰。

（四）餐、酒具的设计

选择方便客人使用的餐、酒具。餐具是用来进餐使用的，因此要根据用餐顺序和菜单安排使用相应的餐具。中式宴会的餐具中有骨碟、汤碗、汤勺、筷子、味碟。酒具一般有饮料杯、红葡萄酒杯、白葡萄酒杯。此外，还有公筷、公勺，原本双头筷架上放置一双筷子和一个长柄勺，现在流行三头筷架，每位客人增加了一双公筷，并以不同的颜色进行区分。

中式宴会餐具对材质比较讲究。陶瓷餐具的材质主要有一般陶瓷、强化瓷、骨瓷等，其中骨瓷颜色呈奶白色，釉彩比较鲜艳，厚度最薄，重量最轻，是目前行业中品质最好的一种材质，当然价格也最高，因此在宴会中使用骨瓷餐具能够提高宴会的品质。金属餐具的材质主要有不锈钢制品、银制品。不锈钢餐具由于其良好的金属性能，并且比其他金属耐锈蚀，制成的器皿美观耐用。不锈钢餐具性价比高，在灯光下有较好的光泽性，但是不可长时间盛放盐、酱油、醋、菜汤等，因为这些食品中含有很多电解质，如果长时间盛放，则不锈钢同样会像其他金属一样，与这些电解质起电化学反应，使有害的金属元素被溶解出来。普通的纯色不锈钢餐具是宴会中最常见的餐具，在高档宴会中，金属餐具可以采用雕花、镀色等工艺提升品质。银制餐具分为纯银制作和不锈钢镀银两种，采用白银为原料，运用现代创新工艺，设计制作力求简洁流畅，给人一种简单的美感，同时长时间使用的银质餐具所特有暗光泽能够给人一种历史感和厚重感。银制餐具的价格较高，且保养维护成本高，在灯光下的光泽效果不如不锈钢材质。

酒具的材质主要有玻璃杯和水晶杯。严格来讲，水晶杯其实也是玻璃杯的一种，最主要的成分也是二氧化硅，只是其中引入了铅、钡、锌、钛等物质使杯子具有较高的透明度和折射率，外观光洁晶莹。除此之外，水晶杯还有杯壁薄、重量轻、声音悠长圆润等特点，因此近年来水晶材质的酒具深受市场欢迎。选择水晶杯时应选择无铅的，含铅质的水晶杯在使用时铅可能会渗入酒中，对健康造成危害。

餐具颜色和图案的选择不可过多，要与桌布、口布、椅套相匹配，主要起点缀和"画龙点睛"的作用，因此要注意控制颜色或图案的数量。食物或饮料接触的地方避免有图案或者颜色。为了食品安全，防止重金属挥发造成的食物中毒，碗内壁、刀刃等部分都不能有图案或颜色。所以，目前许多高档餐具的图案和花纹都是在外壁或者是边缘处。

（五）中心装饰物设计

中心装饰物设计是整个宴会设计的核心，也是体现整个宴会主题的亮点。传统的中式宴会装饰物是以中式插花的花台为主，运用一定的美学知识，以鲜花为主要材质进行艺术造型。中式宴会主题装饰物在设计制作过程中，要注意以下 4 个原则。

（1）突出中华传统文化。中餐宴会要突出"中"字，中心装饰物要围绕中华传统文化中的精华去开发和设计，避免造成西式宴会的主题放在中餐餐桌上。

（2）安全便利的原则。安全是指装饰物本身要安全，不会产生倾倒、跌落等风险，装饰物的元素不会对食品安全造成威胁。例如，要避免采用粉末状或其他可能漂浮的物品。宴会一般是在宽敞的空间进行，出于客人的走动、空调等原因产生空气流动，粉末状、羽毛状物品容易飘动。例如，细砂砾、羽毛、苔藓等物品，可能会飘到食物或饮料里，影响食品卫生。如果由于造型需要使用羽毛等物品，一定要用胶水固定牢固。

便利原则是指要方便上菜、撤盘，方便客人交流等。

（3）环保节约的原则。宴会台面设计采用的材料要符合节能环保要求，不使用一次性塑料制品，一般不使用昂贵的花材，不能使用有毒有害的材料，使用的装饰物元素尽量能够重复使用，物质最终能够降解，减少对环境造成的危害。

（4）和谐美观的原则。根据宴会主题、宾主的身份、宴会的规格等因素确定中心台面装饰物的主题。采用的装饰元素也要符合这一主题。例如，常见的订婚宴可以采用天鹅、玫瑰等主题创意；政务宴请可以采用本地地标性建筑或特色产品为主题创意。

（六）中式插花花台造型制作

中式插花以线条造型为主，注重自然典雅，要求活泼多变，线条优美，重写意，讲究情趣和意境。插花过程中要选用鲜花，不可用假花。选择合适的花材，注意花语。例如，玫瑰花代表爱情，向日葵、康乃馨适合于感恩主题。要注意尊重客人习俗，避免选择客人禁忌的花材。花材的搭配要突出"少""搭"的特点。"少"是颜色种类不能太杂，一般一个花台造型大约有 3 种颜色；"搭"是指颜色搭配合理。通常的颜色搭配采用反差搭配，也叫对比搭配，台面设计人员要掌握一些色彩学原理，避免出现"桃红翠绿"的搭配让人感觉不好。切记不可漏出花泥。在插花中使用的花泥、浇花水、根等都要小心处理，防止污染食物。

1. 中式宴会花台的花材选择

花材就是制作花类产品所用的材料，选择花材是花台制作的基础，可以广泛指代我们在插花产品上看到的一切组成部分，包括主花、配花、绿叶类衬托植物等。若花材选用不恰当就达不到花台制作的效果，只有正确选择合适的花材，才能给花台制作提供好的基础。

选择什么样的花草，首先要知道不同花材代表的寓意。中西方都有用花、草、果、木表达心情的风俗习惯，取自花材的形状、香气、季节、谐音等赋予花材特别的含义，用花的寓意表达内心语言。这就意味着在挑选花材时一定要注意花材寓意，尊重客人的民族与宗教习俗，选用客人喜欢的花材，避免使用忌讳花材。例如，春天，选带有嫩叶的枝叶配初放的玉兰，表现少女的纯真；夏天，火红的石榴花配红玫瑰，喻示年轻人炽热的青春；秋天，白桦枝配橘红百合，显示中年人的坎坷；冬天，翠柏配菊，显示老年人的沉稳和静穆。四季中由于气候不同，植物的景观季相也在发生变化，因此根据每个人不同的境遇，选用适合表现四季的花材，才能塑造好的花台作品。同时选择花材时要注意花材的品相，也就是质量。要选用花朵充实、饱满、无伤，色彩鲜明，叶绿、无病害、新鲜，茎秆粗壮、挺直、较长，切口整齐、干净，颜色正常，无腐败变色现象的花材。各种鲜花均有其特点，在挑选不同的鲜花时要有不同的判别标准。例如，康乃馨，花半开，花苞充实，花瓣挺实无焦边，花萼不开裂；勿忘我，花多色正，叶片浓绿不发黄，枝干挺实分枝多；无言枝，如有白色小花更佳；百合，茎挺直有力，

仅有一两朵花半开或开放，开放花朵新鲜饱满，无干边。

2. 中式宴会花台花器的选择

中式插花历史悠久，插花文化博大精深，花器选用的材料非常广泛，有瓷器、陶器、玻璃、塑料、铜器、铝器、锡器、木器、漆器、竹器、石器、玉器、贝壳、椰壳等，几乎可以盛水的器物都可以作为花器。花器虽然种类繁多，变化万千，但万变不离其宗，基本的形态不外乎这样几种——盘、钵、筒、瓶及其变形。在为花台挑选花器时，一定要结合宴会环境、客人的品位、表达的情趣、造型的需要等因素综合考虑，这样才能为花材配置最合适的花器，达到最佳的花台制作效果。中式宴会花台的环境与花材要协调，一般不宜选用太豪华的花器。当花材色彩深时，花器宜色浅；反之，花材颜色浅淡则花器可稍深，深浅相映才能托出花之艳丽。一般外形简洁、中性色彩的花器如黑色、灰白色、米色、浅蓝色、暗绿色、紫砂等对花材的适应性较广，使用较普遍。

在花器选择中，还有一项重要的固定工具——花插，又名剑山。它是由许多铜针固定在锡座上铸成，有一定重量以保持稳定。花茎可直接插在这些铜针上或插入针间缝隙加以定位。花插使用寿命较长，是浅盘插花必备的用具，有长方形、圆形、半月形等多种形状。

3. 修剪花材

修剪花材是插花最重要的一环，如何取舍是初学者首先碰到的难题，自然的花材，欲令其美态生动地表露出来，合乎自己的构思，必须善于修剪。修剪时可注意下列几点：首先是顺其自然。仔细审视枝条，观察哪个枝条的表现力强，哪个枝条最优美，其余的剪除；同方向平行的枝条只留一枝，其余剪去，以避免单调；从正面看，近距离的重叠枝、交叉枝要适当剪去，使之轻巧且有变化，活泼而不繁杂。在整个插花过程中，要仔细观察，凡有碍于构图、创意表达的多余枝条一律剪除。有些花材（如月季等）有刺，插前宜先去除刺，可用除刺器或小刀削除。花材有残缺者，如月季花外层花色泽不匀且有焦缺，应该剥除两三片。

4. 弯曲造型花材

自然生长的植物往往不尽如人意，为了表现曲线美，使之变化新奇，往往需要做些人工处理，这就要求插花者用精细的弯曲技巧来弥补先天不足。现代插花为了造型的需要，也将花材弯成各种形状，所以弯曲造型的技巧也是插花者手法高低的分界线。弯枝造型的方法一般有枝条弯曲造型、叶片弯曲造型、铁丝弯曲造型三种。

枝条的弯曲造型，顾名思义，就是直接施加外力，将枝条进行弯曲。枝条的枝节和芽的部位以及交叉点处都较易折断，故应避开，在两节之间进行弯曲为好。一些易折断的枝条，压弯时可稍做扭转。根据枝条的粗细硬度不同，采用的手法也有所不同。枝条较硬、不太容易弯曲的，可用两手持花枝，手臂贴着身体，大拇指压着要弯的部位，注意双手要并拢才可有效控制力度，慢慢用力向下弯曲，否则容易折断。如枝条较脆易断,则可将弯曲的部位放入热水中(也可加些醋)浸渍,取出后立刻放入冷水中弄弯。花叶较多的树枝,须先把花叶包扎遮掩好,然后放在火上烤,每次烤两三分钟,重复多次,直到树枝柔软,足以弯曲成所需的角度为止,然后放入冷水中定型。软枝较易弯曲,如银柳、连翘等枝条,用两只拇指对放在需要弯曲处,慢慢掰动枝条即可。

叶片的弯曲造型,可将柔软的叶子夹在指缝中轻轻抽动,通过摩擦反复数次即会变弯,也可将叶片卷紧后再放开。如果叶子呈现非自然形状,可用大头针、订书针或透明胶纸加以固定,或用手撕裂成各种形状。

铁丝弯曲造型是指运用铁丝进行组合或弯曲造型,也是常用的方法。一些花茎如剑兰、非洲菊等不易弯曲,可用铁丝穿入茎秆中,再慢慢弯曲成所需的角度。

5. 固定花材

经过修剪、弯曲的花材,最终必须把它的位置和角度按构思的布局固定下来,才能形成优美的造型。常见方法包括剑山固定、花泥固定、瓶插固定等。

剑山固定法可使作品显得清雅,插口紧凑、干净,但需一定技巧。草本花材的茎秆较软,剪口宜垂直,不要剪成斜口,然后直接插在剑山上。当枝条太细而固定不稳时,可先在基部卷上纸条,或将其绑在其他枝上,或插入较松的短茎内再插入剑山。如果空心的植物茎秆可先插上小枝,再把茎秆套入其中,然后再插入剑山中;如果插质地较硬木本枝条,容易把剑山的针压弯,故需将切口剪尖,插在针与针之间的缝隙中固定,如需倾斜角度,则应先垂直插入,再轻轻把茎秆按压到所需位置;基干太粗时,要先把基部切开,切口约为剑山针长的两倍,然后再插入,这样较易稳固。如一个剑山的重量不够支撑时,可以加压剑山,务求稳定。

花泥固定法是近年来流行的方法,因为使用方便,不需高超的技术,枝条随意插入都能定位,得到了越来越多人的青睐。花泥一般有砖块状、球状等,可以随意用刀或者剪刀切割成不同形状。花泥使用前先按花器口的大小切成小块,一般应高出花器口3~4厘米;然后浸入水中,让其自然下沉以便内部空气排出,待吸足水后即可拿出使用。为了稳定,可用防水胶带把花泥固定在花器上。当花器较高时,可在花泥下面放置填充物。如花器是镂空的竹篮等不能盛水时,则可在花泥下部垫锡箔纸或塑料袋。

瓶插固定法是使用高花瓶来固定花材。瓶插花不使用剑山,固定的作用是使花枝不会直插入深水中引起腐烂;二是可使花枝处于不同的角度,便于造型。因此要求有较高的固定技术。当使用的花瓶瓶口较小,可以用有弹性的枝条把瓶口隔成小格,以减少花枝晃动的范围。剪取2~4段比瓶口直径稍长的茎秆或"Y"形枝条,轻轻压入瓶口1~3厘米处,把瓶口隔成几个小格,在其中一小格内插入花材,以十字架为支撑点,末端则靠紧瓶壁得以定位。插好后也可再压入一横枝,把花材迫紧。此外,还应注意花材的平衡,找好花材的重心,如自动转向,则应向相反方向使之稍弯,使力得以平衡,枝条位置能固定。如果使用较柔软的枝条,可利用枝条弯曲产生的反弹力,靠紧壁得

以定位，但注意不能折断，否则失去弹力作用。

（七）果蔬造型

果蔬造型要与菜品、桌布等相结合才能让果蔬造型发挥其艺术魅力。水果要避免采用易氧化、不易成型的品种。如香蕉、苹果等都不适合做雕刻，一般采用南瓜、萝卜、胡萝卜、西瓜、哈密瓜、冬瓜等。果蔬雕刻的造型的保存时间只有几天，不能反复使用，同时对创作者的刀工有较高的要求。

（八）面塑造型

面塑造型是采用泡沫雕刻、面塑等装饰的中心台面。这样的装饰物由于是纯手工制作，凝结了设计者的创意和汗水，更能体现宴会设计者对来宾的尊重。泡沫雕刻、面塑的保存时间较长，能够重复使用。尤其是面塑，作为中国的非物质文化遗产，是用面粉、糯米粉、甘油或澄面等为原料制成熟面团后，用手和各种专用塑形工具，捏塑成花、鸟、鱼、虫、景物、器物、人物、动物等，原材料成本低，颜色丰富造型优美，能够进行各种组合，近年来此种造型的主题也呈现流行趋势。2022年的冬奥会上，面塑还走进人民大会堂得到了国际贵宾的赞扬。

（九）玩偶摆件造型

近年来，中式宴会的主题中，为了更凸显主题，让台面更灵动，出现了越来越多的玩偶摆件，这些摆件有些是市面上的成品，有些是设计者通过手工制作的玩偶和摆件，或憨态可掬，或惟妙惟肖，让客人很快产生代入感。一般来说，玩偶摆件不能单独作为中式宴会的主题装饰物，需要配合鲜花、插花等共同形成主题。

二、宴会菜单设计

菜单设计包含了菜品的设计和菜单装帧设计。在本书前面已经对菜单的知识进行了一定的介绍，本部分内容重点介绍中式宴会菜单设计的宴席规格、菜品风味、合理搭配宴会菜品以及命名等方面。

宴席规格决定了宴会的菜品、服务、价格水平。而宴席规格取决于宴席标准的高低、宴会类别和特点，标准越高，则规格越高。而国宴、商务宴、招待宴等规格相对较高，家宴、便宴等规格一般相对较低。高档宴会要求高、价格高、影响大，以精、巧、雅、优等菜品制作为主体，选用一些新原料、时令原料、贵重原料，如海参、龙虾、鲍鱼、燕窝等名贵原料；在烹调方法上讲究色、香、味、形，做工精细，讲究菜品的口味和装饰；色泽鲜艳，造型优美，盛器高雅，菜品搭配科学合理。中低档宴会菜肴以实惠、经济、适口、量足为主体，使用常见材料来制作菜肴，增加配料用量以降低成本，本着"粗菜细做、细菜精做"的原则，将菜肴做适当调配，以丰富的数量及恰当的口味让客人吃饱吃好。

确定宴席菜品风味。中国饮食文化博大精深，菜品风味也是各地不同。根据酒店经营风格、设施设备、菜品特色、厨师技术力量、宴席成本及菜品数目，依据客人情况、宴会类型、就餐形式、饮食需求等，发挥所长、展现风格。明确全席的菜点类别及风味特点，可以是一个民族、一个地区、一个酒店或是某一个厨师的风格。我国的饮食风味流派是以菜系来划分的，每个菜系又有若干个地方风味流派，可通过选用地方特色菜点、采用地方特色烹调方法和调味手段、配用地方特色餐具、选用地方独特烹饪原料等方法来实现。例如，湖南长沙的剁椒鱼头、小龙虾、臭豆腐，广东顺德的顺德鱼生、烧鹅等都代表了一个地方的风味。

在搭配宴会菜品方面，确定好了宴会规格和宴会风味后，首先要选择主菜，这也称为"盖帽"。主菜就是宴会的大菜或头菜，是菜单的精华，是整个宴席菜点中原料最贵、工艺最讲究的菜品，起着担纲和压轴作用。主菜一旦选定，其他辅助菜品也就跟着主菜相应确定，形成宴席菜单的基本格局，使全席形成一个完整的美食体系。辅助菜品发挥着烘云托月的作用。辅助菜品在数量上要注意度，与核心菜品保持 1∶2 或 1∶3 的比例；在质量上要注意相称，其档次可稍低于核心菜品，但不能相差太大，否则全席就不协调，如主菜使用鲍鱼，副菜应该搭配类似鲈鱼一类，不能搭配土豆丝级别的菜品，否则会显得杂乱无章。辅助菜点包括能反映当地饮食习俗的菜、本店的拿手菜、应时当令的菜、烘托宴会气氛的菜、便于调配花色品种的菜等。全部菜点初步确定之后，要遵循宴会出品的各项设计原则，对宴会菜单的各个要素进行全方位的审核，统筹兼顾，平衡协调。要综合考虑原料选择的广泛，食材一般不重复，加工形态各异，有整只形态，也有切片、切丝等。烹调方法应该涵盖炒、爆、熘、炸、烹、煎等，菜肴造型应该美观，各种菜品的色彩搭配要协调。此外，菜点道数的多少、装盘器皿的特色、营养成分的全面、宴席服务的方式、食品卫生的安全、菜点变革的创新等方面，做到菜肴色、香、味、形、器有机配合，冷菜、热菜、点心、主食、水果合理搭配。

菜单命名目前采用的一般为"虚实结合"的命名技巧。例如，在杭州 G20 峰会的晚宴上，菜单分别为：八方迎客（富贵八小碟）、大展宏图（鲜莲子炖老鸭）、紧密合作（杏仁大明虾）、共谋发展（黑椒澳洲牛柳）、千秋盛世（孜然烤羊排）、众志成城（杭州笋干卷）、四海欢庆（西湖菊花鱼）、名扬天下（新派叫花鸡）、包罗万象（鲜鲍菇扒时蔬）、风景如画（京扒扇形蔬）、携手共赢（生炒牛松阪）、共建和平（美点映双辉）、潮涌钱塘（黑米露汤圆）、承载梦想（环球鲜果盆）。国宴菜品命名特色鲜明，背后蕴含着很深的历史文化韵味。国宴上的菜名多含语义、修辞与文化特征，注重菜肴内涵的意境和神韵，将一道本质平朴的菜以或文雅或吉祥、充满情趣的方式来表现，寄寓美好的愿景，将"欢迎、发展、合作、共赢、和平"体现得淋漓尽致，还非常贴切地加上了"风景如画""潮涌钱塘"等鲜明的杭州特色。

菜品与菜名是内容与形式的关系。内容决定形式，"名从菜来""形式反映内容""菜因名传"。菜名命名既可如实反映菜品内涵，也可抓住特色另取新意，使人产生食欲和联想。菜肴命名要紧扣宴会主题，烘托宴会气氛，如贺寿宴，有松鹤延年、八仙过海、红运高照、福如东海、年年有余、齐眉祝寿、子孙满堂、生日吉祥、万寿无疆等名称；婚庆宴，有吉祥如意、百年好合、鸳鸯戏水、双喜临门等名称；高升宴和升学宴，有鲤鱼跃龙门、大展宏图等名称；庆祝开业大吉宴，有紫气东来、恭喜发财、财源滚滚等名称；全家团聚宴，有全家福、子孙满堂、阖家团圆等名称。要求文字优美，简明易懂，读来顺口、好听、易记。可以结合宴会主题巧妙命名，富有情趣，雅致得体，含意深刻。可设计满足人们求平安、求财运、求安康等美好愿望的菜名。但不可牵强附会，滥用辞藻，更不能庸俗低级。菜名字数以 4 字、5 字为宜，最多不要超过 7 个字。

任务四　中式宴会台面设计赏析

一、家庭类宴会——谢师宴

谢师宴以"书香如兰"为主题，以兰花"花叶优美，幽香清远"彰显恩师之高雅情操以及谦谦君子之人品。

"书香如兰"宴主题鲜明，创意新颖独特，注重细节，设计精致，具有强烈的艺术美感，台面设计紧紧围绕主题，以兰花来比喻恩师的高雅情操以及谦谦君子之人品，恩师那循循善诱的教诲之语如春风般吹拂着每一位学生的心田。

具体设计元素解析如下。

餐台中心艺术品高低错落、疏密有致。一对师徒手执书本席地而坐，学生正用虔诚的目光静静地注视着恩师的脸庞，洗耳倾听恩师绘声绘色地讲解。微风拂过，幽幽兰香飘然而至，寻香而望一株兰花静静绽放，清雅脱俗，正如恩师不为人留、不为人开、不为人香的高尚品质。笔架上几支毛笔摇曳着，表现了恩师笔耕不辍、诲人不倦的场景。

宴会以绿、白两色为主色调，选用浅绿色圆台裙打底，配以米白色的方台布，整体给人以素雅厚重之感，又不失华美之意。白色口布上的雅致兰花图案，紧扣主题，仿佛散发出沁人心脾的兰香，使来宾就餐时顿觉眼前一亮。绿色包边的米白色椅套迎合了主题装饰中的兰花的配色，特别是椅背正面上的兰花图案让整个台面更显灵动，让人深深感受到空谷幽兰的飘逸、淡雅。

宴会餐具选用白瓷，色泽光润明亮，乳白如凝脂，既满足了客人的进餐需要，又烘托出高雅尊贵的就餐氛围，彰显传统饮食文化特色。宴会三套杯选用了水晶高脚杯，杯型一致，晶莹剔透，带给客人宁静、平和、静谧的意境，也符合现代人的审美与使用习惯。餐巾折花主人位选择蜡烛，暗喻了教师"蜡炬成灰泪始干"的高尚品质，其他餐位选择书卷，表达了莘莘学子书卷常握、追逐梦想的乐学精神。

餐台上摆放的菜单、筷套、牙签套等物品，印有兰花、蝴蝶等图案，从造型构思到内容的选定，与整个主题设计浑然天成。主题名称牌选用龙门展示架，内里挂着繁体字"書香如蘭"四字的书本样式水晶板，与主题相呼应。宴会所用的元素与主题环环相扣，相得益彰，烘托出古朴自然与恬静的意境。

菜单外形采用卷轴式样，典雅古朴，内里以兰花、蝴蝶、青山等元素，勾勒出一幅惟妙惟肖的水墨山水画，从右到左书写菜名，彰显出浓厚的文化底蕴，符合主题内涵。

菜品设计如下。

凉菜：虚怀若谷——精美六味碟。

热菜：敬谢师恩——景芝烩海参，诲人不倦——烧烤鱿鱼卷，春风化雨——芦笋烧扇贝，小荷露角——荷兰豆虾仁，蝶舞兰香——兰花拔广肚，鱼跃龙门——清蒸多宝鱼，展翅高飞——羊肚菌炖鸡，青出于蓝——木耳西兰花。

点心：前程似锦——奶香玉米烙，蒸蒸日上——土家蒸年糕。

水果：良工心苦——什锦水果拼。

本宴会菜单响应"节约粮食，杜绝浪费"的号召，根据8人位用餐需求，数量上设计冷菜6道，热菜8道（含养生汤品1道），点心2道，水果拼盘1道；菜肴原料上考虑营养膳食，选取鸡、鱼、海鲜及时令食材；菜品注重荤素、色泽、口感以及冷热搭配；菜肴名称虚实结合，以寓意命名，使客人在点菜过程中感受到浓浓的"书香如兰"文化意蕴。

二、商务类宴席——蜀宴

本宴席用于商务类宴会，以传承国家非遗川剧文化为主题。川剧是中国汉族戏曲剧种之一，流行于四川、重庆及贵州、云南部分地区。川剧文化是长江上游地区最富有鲜明个性的民族文化之一，博大精深，源远流长。它起源于乾隆时期的车灯戏文化，吸收融会了苏、赣、皖、鄂、陕、甘等各地声腔，形成含有高腔、胡琴、昆腔、灯调、弹戏等五种声腔，并用富有特色的四川话演唱。川剧表演生动活泼，幽默风趣，充满鲜明的地方色彩和浓郁的生活气息，其中"变脸""喷火""水袖"等表演形式独树一帜，尤其川剧脸谱，是历代川剧艺人共同创造并传承下来的艺术瑰宝。

品蜀戏天下宴，享尊贵文化韵。本宴会命名为"蜀戏天下"，整个宴席设计以川剧文化为底蕴，将川剧文化与美食文化巧妙地融合，在满足客人饮食消费的同时，保护与传承国家非物质文化遗产——川剧文化，符合现代人的文化保护传承理念与川渝地区饮食文化的推广。

"蜀戏天下"宴主题鲜明，创意新颖独特，注重细节，设计精致，具有强烈的艺术美感。

台面设计紧紧围绕主题，好一派蜀戏冠天下的场景，符合当今社会传承发扬与创新中国传统文化的设计理念。

具体设计元素解析如下。

台布选用川剧经典颜色红色与黑色，以红色为主色调，搭配黑色，彰显尊贵从容，神秘大气；红色椅套正面印制脸谱图案，背面点缀祥云图案，芙蓉国粹，蜀戏雅韵，川剧之感溢于台面。

餐具选用纯白高档骨瓷，简洁大方；酒具选用水晶高脚杯，线条流畅，仿佛就是蜀戏演绎经典"水袖"；餐巾折花主位花型为"燃烧的红烛"，象征川剧"吐火"艺术；副主人位为折扇花型，凸显川剧的表演精髓"变脸"；其他餐位的盘花造型为卷轴，体现了川剧文化的保护传承；牙签套、筷套配以半边脸谱艺术图点缀，表达宴会设计文化传承的内涵：戏剧与艺术的完美结合。

餐台中心装饰物是整个餐台的点睛之笔，以戏剧人物为主花，不媚不妖、卓尔不俗；戏剧人物的脸谱、动作造型及服装穿着生动地再现川剧表演场景；而折扇艺术画图与座位脸谱遥相呼应，座中贵客与剧中人物自成美景：戏剧与人生，一半戏剧一半现实，让人萦绕其中。

服务人员服装选用红黑材质，点缀脸谱与祥云图案，与台面搭配遥相呼应，端庄、典雅，其热情周到的服务定会让你感受到川渝人民的热情好客。

菜单的设计以川剧变脸与舞台幕帘为背景，用古典屏风装饰，屏风是戏剧常用的演出背景道具，菜名以川剧声腔、帮腔生动活泼的表演艺术为主，虚实结合，字体字号美观大方，将戏剧文化与美食文化有机融合，彰显艺术，与主题协调一致。

菜品设计如下。

凉菜：变脸——蜀戏芬芳四彩碟。

热菜：高腔——金牌一掌定乾坤，昆腔——霸王别姬展雄风，喷火——燃情似火烹鳜鱼，灯戏——双骄乳鸽镶银丝，弹戏——五彩缤纷烩蹄筋，胡琴——工夫招牌辣子鸡，秧歌——美极蒜苗煎豆腐，号子——西芹坚果炒百合。

汤品：连响——川渝古法煲土鸭。

小吃：神曲——碧绿养生蔬菜饺。

水果：水袖——经典水果拼单碟。

根据8人位用餐需求，每人约1.5个左右菜量，数量上设计4道凉菜、8道热菜、1道面点主食小吃、1道养生汤品和1道水果拼盘；原料上考虑营养膳食，选取鸡、鱼以及春夏时令食材；菜品注重荤素搭配、色泽、口感；菜名虚实结合，川剧文化与饮食文化有机融合，使客人在点菜过程中领略蜀戏精髓，尝川渝美食，赏戏曲人生。

八人位用餐

三、商务类宴席——公司年会宴会

该宴会是以某集团年会宴会接待为背景，选用1.8米的中式圆桌，每桌8人。台面整体采用中西合璧，以浅蓝色和银灰色为主色调，两者层叠使用。蓝色是博大的色彩，浅蓝色静谧、洁净，显示出宴会的高品质；银灰色庄重而内敛，沉稳大气，营造出简洁大方的氛围，更好地体现出宴会的文化之韵。台面整体来看，休闲却不失严谨，较好地呈现出和谐之美。

台心主题设计元素以庆祝该集团年终总结会的成功举行为主。台心装饰物选用直径40厘米的金色装饰盘为底托，装饰盘外围由玫瑰、山茶花、鸢尾花、百合花以及其他干花搭配，表示主人希望公司员工像百花一样，各显其色；装饰盘中心由一只展翅高飞的金鹰组成，金鹰寓意"精英"，象征公司的优秀员工，并寓意公司像金鹰一样展翅高飞，大显身手。台心装饰物设计规格与餐桌比例恰当，不影响就餐客人交流。整体设计大胆新颖，与主题遥相呼应。

餐具选用中国传统白瓷，没有任何花纹的装饰盘和骨碟，莹润、纯净，体现一种高品位的审美，搭配木色筷子以及其他小件餐具，银色筷架，精致大方；宴会三套杯选用水晶高脚杯，线条流畅，满足宾客高品质的要求；餐具摆放规格统一，方便客人就餐，筷套、牙签套的图案与主题一致，与主题呼应。

布草选用银灰色底布，搭配浅蓝色台布，整体简洁大方，米白色椅套淡雅不失华丽，给予宾客视觉上的美感；纯棉的米白色口布，清新淡雅，口布折花主人位与副主人位分别为烛台和玉兰花，其他口布花型为书卷，大气典雅，充满书香气息。宴会大厅接待人员着黑色职业装，简洁干练；宴会服务人员着金色中式长款绣花旗袍，既体现出

女子的隽秀，又符合酒店工作要求，与主题遥相呼应，整体协调统一。

宴会菜品如下。

冷菜：功成名就——香草牛肉，四季发财——四季蔬果，五福临门——奶香虾球，六六大顺——凉拌三丝。

热菜：鸿运当头——红烧猪头肉，丰年有余——松鼠鳜鱼，马到成功——土豆烩牛肉，喜气洋洋——炭烤小羊排，招财进宝——鱼香肉丝，金鸡报喜——宫保鸡丁，财源滚滚——西芹腰果，顺心如意——上汤娃娃菜。

汤：步步高升——干贝银丝汤。

点心：黄金万两——黄金蒸饺。

水果：如鱼得水——热带水果拼盘。

此次宴会菜单以屏风的形式来展示，菜单设计独特新颖，字体字号合理，菜品种类品种繁多，荤素搭配，营养合理。

【知识链接】

2022 年全国插花花艺行业职业技能竞赛
选手应具备的能力

模块	个人能力描述
	现代花艺设计与制作
A	应了解和掌握的知识： • 花束、新娘花饰、切花装饰、物件装饰、花首饰、餐桌花的种类和特点。 • 花束、新娘花饰、切花装饰、物件装饰、花首饰、餐桌花的设计制作要点。 应掌握的技能： • 根据所给花材设计构思花束、新娘花饰、切花装饰、物件装饰、花首饰、餐桌花。 • 根据所给花材运用现代花艺制作技术制作花束、新娘花饰、切花装饰、物件装饰、花首饰、餐桌花。
	传统插花设计与制作
B	应了解和掌握的知识： • 中国传统插花瓶、盘、碗、篮、缸、筒等容器插花种类和特点。 • 中国传统插花瓶、盘、碗、篮、缸、筒等容器插花的插制要点。 应掌握的技能： • 根据所给材料设计构思瓶、盘、碗、篮、缸、筒等容器插花。 • 根据所给材料运用传统插花插制技术插制瓶、盘、碗、篮、缸、筒等容器插花。

【项目小结】

本项目讲解了中式宴会台面设计原则，重点介绍了中式宴会台面设计和摆放规范；并通过几个案例进行中式宴会台面设计赏析，更直观地了解如何进行台面设计。

【项目练习】

自拟题目，进行宴会设计，包括菜单设计、台面中心主题设计等。

项目四
西式宴会台面设计

≫ 学习目标

- 掌握西式宴会台面设计的原则。
- 了解西式宴会常见的台型、主题创意。
- 能够根据顾客需求选择合适的元素进行台面设计。

≫ 知识点

西餐宴会主题设计；西餐宴会台型；西餐宴会摆台流程。

【案例导入】

冰雪奇缘主题宴会设计

宴会设计借用了荣获第86届美国奥斯卡金像奖的最佳动画长片《冰雪奇缘》作为宴会主题。该片改编自安徒生童话《白雪皇后》，讲述小国阿伦黛尔因一个魔咒永远地被冰天雪地覆盖，为了寻回夏天，安娜公主及她的驯鹿搭档组队出发，展开一段拯救王国的历险。这是一部经典的歌颂爱和宽容、消除误会和仇恨的作品。

为了能更好地体现主题，设计者以淡蓝色的桌布和口布形成整体的色调，因为浅蓝色是一种纯洁、宁静的颜色。满天星及一些白色的鲜花象征着雪地，主题装饰物的中央，竖立着我们的主人公艾莎公主，周围还有她的小伙伴们，他们明亮的笑容仿佛是冬日里的阳光，让客人在用餐中，浸润在这爱的世界里。

冰雪奇缘主题宴会设计

任务一 西式宴会设计的原则

一、西式宴会设计遵循的原则

西式宴会的设计包括台面设计、主题设计、环境设计、服务设计等方面，目的是给客人提供一个安全、方便、舒适、美观的用餐环境和条件，以提升顾客的满意度和用餐品质。在进行不同的宴会设计过程中，应该着重注意以下 5 个原则。

（一）方便实用的原则

无论是中餐宴会还是西餐宴会，都是为了让客人能够方便用餐，所以宴会设计的首要原则就是要安全实用，满足顾客基本用餐和交流的需求，不可为了追求美观和新奇而过度装饰。宴会主题台面的高度、桌位间距、餐具的大小等都要考虑客人的实际使用需求和服务人员的服务需要。

（二）协调美观的原则

宴会设计的搭配和服饰搭配一样，不能上身西装下身短裤。宴会设计的元素要相互协调，充分利用美学、色彩学等知识进行搭配。例如桌布的颜色、餐巾的颜色、椅套的颜色要协调，餐具、酒具、刀叉的材质和质感要协调，这样才能产生 1+1 > 2 的效果，让整个台面相得益彰，让人赏心悦目。

（三）紧扣主题的原则

宴会的主题设计一定要紧扣用餐的主题，体现举办宴会的目的。例如，新年节日的宴会要突出迎接新年的主题，婚庆宴会要突出喜庆的主题，在餐巾花、桌布颜色、

中心装饰物、餐具等选择上进行合理搭配。

（四）经济环保的原则

可持续发展的理念正在深入人心，在各行各业都掀起了节约、环保、绿色的可持续浪潮，餐饮业应响应环境可持续发展的号召，积极投身于环保建设的事业中。另外，越来越多的企业开始为品牌创造绿色环保价值，提升品牌价值感。例如，在宴会设计中，台面设计材质应环保无污染。布草、托盘等物品能够循环使用，鲜花或绿植尽量选择性价比较高的品种。酒店举办宴会，还是要获得利润，企业才能发展。因此，在宴会设计的过程中，也要充分考虑到经济性原则，对宴会过程中各个环节的成本进行认真的核算，这既是为了企业盈利，也是节约精神的体现。

（五）尊重礼仪礼节的原则

西式宴会台面的设计一定要尊重不同国家、民族、宗教的礼仪和风俗，在主题颜色、鲜花绿植、造型、菜品、酒水等方面避开忌讳。许多西方国家的礼仪和习俗与我们中国传统文化有差异，作为宴会的设计者和服务人员一定要掌握客源国的风俗礼仪知识，如果接待重要客人，可提前熟悉客人的一些个人喜好和忌讳，能够让台面设计达到事半功倍的效果。

二、西式宴会设计考虑的因素

一场宴会的成功举行需要组织者和服务人员提前考虑周全。宴会设计者要充分考虑的因素主要有"人、物、财、时"4个方面。

（1）人员的因素指的是宴会主人、客人、服务人员、厨师。宴会主人是宴会的购买者和消费者，在宴会设计前，要充分与宴会主人进行沟通，做到"八知三了解"（知道宴会桌数、人数，宴席标准，主办单位，宾主的身份，客人国籍，开宴时间，菜式品种，出菜顺序。了解宾客风俗习惯、客人禁忌、特殊要求），在设计和服务过程中要充分满足主人的需求，为实现宴会主人的"宴会目的"提供意见和建议，让宴会主人能够招待好客人；宴会客人尤其是主宾的身份、饮食习惯、风俗习惯等因素是宴会设计者要重点考虑的，只有迎合了客人们的爱好，宾主双方才能尽兴，宴会才算成功。服务人员和厨师是宴会的具体实施者，宴会设计人员要充分了解他们的知识、技能、素质水平，发挥他们的长处，提前做好工作分工和任务安排。

（2）物的因素指的是宴会举行的环境和设施设备。西式宴会十分讲究就餐环境，要充分考虑场地的大小、形状、灯光、音响等就餐环境来做好设计。例如，场地如果是无柱空间长方形，可以考虑采用"一字型"台型，场地中如果有柱子，则需要将台型进行变化；设施设备主要指的是厨房设备中的烹饪设备、原材料和餐厅中的桌、椅、餐具等。烹饪设施的数量和功能性会影响到菜品的出菜速度、品质，而食品原材料将直接关系到菜单的确定。餐厅中的桌椅、餐具、布草等影响到宴会主题氛围的烘托和用餐档次的提升。例如，破损的布草和不配套的餐具会让客人觉得寒酸，影响就餐心情。

（3）财的因素主要考虑的是宴会的成本、毛利率等因素。一方面，要考虑到宴会主人的价格承受能力；另一方面，要保障企业的利润空间。因此在菜单设计、酒水搭配等方面进行权衡调整。

（4）时的因素指的是要考虑到就餐的季节、天气、宴会开始时间、持续时间、结束时间等情况。不同季节的时令菜品会影响菜单的设计，西式宴会中常使用时令海鲜，价格和品质也会根据季节不同。不同季节的市场淡旺季会影响价格，如有些地方有8月份不结婚的传统，因此9月份的宴会档期都比较满。天气也要考虑到宴席设计中来，如冰雪天气就可以在环境布置上突出暖意，选择能让客人驱寒的菜品。宴席的持续时间关系到菜品数量、烹饪方法等，西式宴会一般持续时间在2个小时左右，每道菜的持续时间在15分钟左右。

任务二　西式宴会台面设计

西式宴会台面设计是针对不同的宴会主题，运用美学、心理学、管理学等知识，将布草、餐具、杯具、花草等元素进行摆设和装饰的过程，能够起到反映宴会主题、烘托宴会气氛、提高宴会档次等作用。西式宴会台面起源于工业革命后的欧洲，是饮食文化高度发展的标志，是实用性和艺术性相结合的产物，具有强烈的西方文化色彩，在设计上包含了餐具设计、酒具设计、中心装饰物设计、餐巾花设计等内容。下面对西式宴会台面设计的各类元素进行介绍。

一、布草类设计

（一）桌布的选择与设计

西餐的桌布与中餐不同，一般只有一层，如果餐桌比较长，使用多张同款桌布，桌布与桌布之间一般重叠不超过5厘米。在桌布的选用上首先要看桌布材质，目前市场上常见的有全棉、亚麻、丝绸、化纤等材质。全棉材质的桌布垂坠感较好，但是容易起皱，不易清洁；亚麻材质的桌布强度高，但是手感较硬，给人感觉粗糙；丝绸材质的桌布轻薄、柔软，色彩也绚丽、富有光泽，但是与全棉一样易皱；化纤是利用高分子化合物为原料制作而成的纤维的纺织品，优点是色彩鲜艳、质地柔软、悬垂挺括。

西餐桌布的颜色奠定了整个宴会的主基调，要根据宴会主题和性质选择。西餐宴会的桌布颜色不宜花哨，宜选择银色、卡其色等纯色，尽量不选择有花纹图案的布料，特别是不要选择明显体现中式风格的图案。色系中主要分为"有彩色系"和"无彩色系"，

其中，"无彩色系"主要包括黑色、白色、灰色等，"有彩色系"主要是基于光谱而存在的以红色、橙色、黄色为主的7种基本颜色。桌布颜色多数从"有彩色系"中选择。

红色感觉温暖，性格刚烈而外向，是一种刺激性很强的颜色。红色容易引起人们的注意，也容易使人兴奋、激动、紧张、冲动。在西式宴会中，通常红色不用于桌布，但可用于餐巾、椅套等。

黄色是有彩色系中最明亮的色彩，经常给人留下明亮、辉煌、灿烂、愉快、高贵和柔和的印象，同时又容易引起味觉上的条件反射，给人以甜美和香酥感，因此经常用于西餐宴会中的桌布。G20峰会晚宴中，就是采用米黄色为主色调的桌布。黄色有着金色的光芒，有希望与功名等象征意义，还代表着土地，象征着富裕。

蓝色给人以沉稳的感觉，且具有深远、永恒、沉静、博大、理智、诚实和寒冷的意象。同时，蓝色还能够营造出和平、淡雅、洁净及可靠等氛围。蓝色是冷色系中最典型的代表，会使人自然联想到大海和天空，因此会使人产生一种爽朗开阔和清凉的感觉。

绿色所传递的是清爽、理想、希望和生长的意象。绿色通常与环保意识有关，也经常使人联想到有关健康方面的事物。绿色与人类息息相关，是自然之色，代表了生命与希望，也充满了青春与活力。它本身具有特定的与自然、健康相关的感受，因此也经常被用于与自然、健康相关的宴会。

橙色的波长居于红和黄之间，是十分活泼的光辉色彩，是最暖的色彩，给人以华贵而温暖、兴奋而热烈的感觉，也是令人振奋的颜色。橙色具有健康、活力、勇敢和自由等象征意义。橙色会使人联想到金色的秋天以及丰硕的果实，因此是一种富足、快乐且幸福的色彩。

白色是所有颜色光线的集合，白色反射所有的光线，不吸收任何可见光，因此白色被作为纯粹、虚无、轻盈、光明及金属的象征。在主题设计中，白色具有洁白明快、纯真和清洁的意象，因此西式宴会中可使用米白色桌布。

黑色的内涵最为丰富和复杂，具有很强的感染力，能够表现出特有的高贵，显得严肃、庄严和坚毅。另外，黑色还具有恐怖、烦恼、忧伤、消极、沉睡、悲痛甚至死亡等意象，因此在西式宴会中要谨慎使用黑色桌布。

要选好尺寸。桌布的尺寸要根据桌子的尺寸，通常情况下要保证四周下垂的距离均等，距离地面30~40厘米，这样能够起到遮挡和美观的效果。例如，全国职业院校技能大赛餐厅服务赛项中休闲餐厅的桌子尺寸是1.2米的正方形餐桌，桌布的尺寸是1.8米的正方形桌布，四周下垂30厘米，距离地面45厘米左右。桌布的下沿正好与餐椅的边沿接触。

（二）桌旗的选择

近年来，西餐餐桌流行采用桌旗以营造更温馨雅致的氛围，桌旗可以选择体现主题的花纹图案，在餐桌的中心纵向铺展。桌旗的颜色要与桌布颜色相协调，长度以比桌布长度略长为宜，宽度根据餐桌的宽度而调整。1.2 米宽的餐桌，桌旗选择在 30~35 厘米为宜。多数的桌旗两端有流苏，流苏不可触地。

（三）口布的选择

在宴会中，餐巾口布的选择非常重要，一方面这是客人直接使用的布草；另一方面，口布也能和桌布共同奠定整个台面的风格和档次。

一是口布的颜色选择。口布的颜色要紧扣主题，传统的餐巾都是纯白色，白色给人清洁卫生、恬静优雅感。近年来，丝光提花餐巾的颜色选择越来越多。粉红、粉蓝的餐巾能带来卡通和温馨的效果；橘黄、鹅黄的餐巾可以带来富裕、充实的效果。口布颜色要做到与桌布颜色相匹配，有以下 5 种搭配方法。

（1）同种色彩搭配。这是指口布颜色以桌布色彩为基础，但是将色彩变淡或加深，而产生新的色彩，这样的台面看起来色彩统一，具有层次感。

（2）邻近色彩搭配。邻近色是指在色环上相邻的颜色，如绿色和蓝色、红色和黄色即互为邻近色。采用邻近色搭配可以避免台面色彩杂乱，易于达到和谐统一的效果。

（3）对比色彩搭配。一般来说，色彩的三原色（红、黄、蓝）最能体现色彩间的差异。色彩的强烈对比具有视觉诱惑力，可以突出重点，产生强烈的视觉效果。通过合理使用对比色，能够使宴会台面特色鲜明、重点突出。在设计时，通常以桌布颜色为主色调，其以对比色作为点缀，以起到画龙点睛的作用。

（4）暖色色彩搭配。这是指口布使用红、橙、黄等色彩的搭配。这种色调的运用可营造出和谐、热情的氛围。

（5）冷色色彩搭配。这是指使用绿色、蓝色及紫色等色彩的搭配。这种色彩搭配可营造出宁静、清凉和高雅的氛围。冷色与白色搭配一般会获得较好的视觉效果。

通常，一个主题宴会的口布的颜色是一致的，也可以不同客人使用不同颜色或花纹的口布，但是要注意桌面上所有的口布与桌布的颜色要协调，不要造成整体颜色杂乱无章的情况。

二是餐巾花的选择。餐巾折花是餐饮从业人员的基本技能，小小餐巾可以变化出无数的动物、植物。西餐宴会餐巾花一般是盘花，放置在展示盘中，因为有较大的接触面而不会自行散开。在西餐宴会设计具体的操作过程中，要突出主人位的餐巾，因此主人位的餐巾高度要高于其他位置。此外，餐巾花样式的选择要尊重当地的民族宗教习俗和客人的喜好，同时紧扣宴会的主题。例如，在圣诞节主题中，可采用蜡烛、圣诞树等餐巾花；接待法国客人要避免采用仙鹤的餐巾花；在与秋天相关的主题中，可以采用枫叶餐巾花。

近年来，环花逐渐成为一种时尚，将餐巾整个卷好或者折叠好后，套在餐巾环内，放在展示盘中。餐巾环具有不锈钢、银质、亚克力等材质，多数有蝴蝶、鹿角等造型，能够让西式宴会的台面显得更加精致和典雅，且使用过程更简洁。

西式宴会的餐巾花要突出主人位和副主人位，整体要整齐美观，间距一致。如果是长方形的餐台，要摆在一条直线上，不同的花型同桌摆放时，要将形状相似的花错开，并对称摆放。花型的观赏面要朝向客人一方。

（四）椅套的选择

西餐宴会所采用的椅子有木质的、金属的，有些有扶手，有些没有扶手，无论哪一种，都应在椅子上增加坐垫和椅套。一方面，可以起到装饰美观的作用；另一方面，能够让客人入座更加舒适。当前的酒店流行使用白色弹力椅套，这种椅套可以适用于大多数规格的椅子，并且方便套取和清洗。为了提升宴会的档次，进一步呼应主题，椅套也可以选择和主题桌布相匹配的颜色，还可以在椅套上加椅帽或在椅背上扎蝴蝶结等装饰。椅套的材质要避免采用涤纶或丝制品等，避免因摩擦力影响客人入座。

椅套

二、宴会台型设计

西餐宴会的台型选择要根据宴会规模、参会人数、宴会举办地的形状、空间是否有柱等因素综合考虑。如果有多张桌位，要遵循突出主桌、方便客人交流、方便服务员服务等原则。台型主要有"一字形""U字形""E字形"等。

"一字形"是最常见的台型形式。通常是在长方形的宽敞空间内，长方形的宴会桌与宴会厅四周的距离大致相等，长桌的两端分为方形和弧形。在一字形台型中，正副主人通常坐在两端，其他客人坐在长桌的两边。

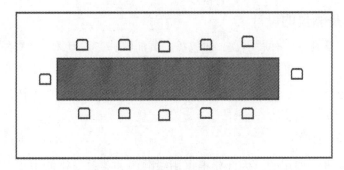

"一字形"台型

"U 字形"通常是在横向长度比竖向长度短的空间采用，U 形的凸出也分为方形和弧形两种。这种台型的中间凹处区域可用于做菜的表演。在 U 字形中，主客和主人一般坐于 U 形凸出的部分。

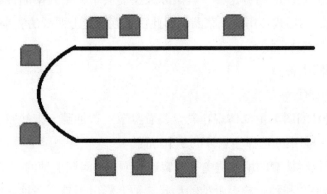

"U 字形"台型

"E 字形"适用于人数较多的单桌，E 字形三翼长度应该相等，横向的长度比竖向长度短。

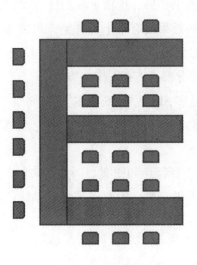

"E 字形"台型

三、餐具及酒具的设计

西餐宴会的餐具主要有展示盘、面包盘、黄油碟、主餐刀叉、开胃品刀叉、汤勺、甜品勺、鱼刀叉，椒盐瓶等通用餐具，以及蜗牛夹、龙虾叉、生蚝叉等专用餐具。宴会的酒具主要是饮料杯、红葡萄酒杯、白葡萄酒杯、香槟杯、啤酒杯、白兰地杯、威士忌杯等。

（一）要方便使用

餐具是用来进餐使用的，因此要根据用餐顺序和菜单安排使用相应的餐具。西式宴会的通常用餐顺序为开胃菜、汤、沙拉、副菜、主菜、甜品等，因此在宴会桌上常用的餐具就有开胃刀、开胃叉、汤匙、鱼刀、鱼叉、主餐刀、主餐叉、甜品勺、甜品叉、黄油刀。如果宴会菜单中有龙虾和起泡酒，还要配置龙虾钳和香槟杯。近年来，国内外出现了"中菜西吃"的趋势，在一些国际大型宴会中，中式菜品也逐渐流行，即在西餐中按"位上"的形式食用中式菜品，因此筷子逐渐走上西餐的餐桌。

（二）要选择好材质

材质的选择同中餐。

（三）要选择颜色和图案

西餐宴会餐具的图案主要体现在看盘、看盘罩、黄油碟、椒盐瓶、咖啡杯、茶杯等器具上，颜色和图案的选择注意以下 3 个方面。

（1）食物或饮料接触的地方避免有图案或者颜色。陶瓷上釉的技术已经十分成熟，目前市面上有釉上彩和釉中彩等上釉的形式。釉上彩由于是画在釉面上的，所以选择的材料应用广泛，可以实现餐具的釉色鲜艳、品种丰富且艺术性较强。缺点就是由于釉面在外，易磨损，易受酸碱等腐蚀。因为色料并没有与釉料完美融合，所以所绘制的纹样稍凸出，摸上去有凸出手感，价格上相对比较便宜；釉中彩和釉下彩表面光亮柔滑、不凸出，色彩呈现的效果没有釉上彩鲜艳，耐腐蚀，价格也相对较高。无论是哪种上釉方式都是经过高温烧制，但是为了食品安全，防止重金属挥发造成的食物中毒，因此类似碗内壁、刀刃等部分都不能有图案或颜色。

（2）颜色或图案不可过多，以免"喧宾夺主"，要与桌布、口布、椅套相匹配。餐具、酒具的颜色图案在整个宴会台面主要起点缀和"画龙点睛"的作用，因此要注意控制颜色或图案的数量。

（3）要紧扣宴会主题选择颜色和图案。例如，G20 峰会国宴"西湖盛宴"中的所有餐具创意图案都是来自西湖实景，所有餐具也是以绿色为主色调，摆放在一起更加凸显宴会的隆重与时尚。

四、宴会台面中心装饰物设计

这部分是整个宴会设计的核心，也是体现整个宴会主题的亮点。中心装饰物的设计要注意以下情况。

（1）装饰物的大小和高度首先要考虑用餐方便。无论是何种台型，客人都要进行交流、观看。中心装饰物不能影响客人的交流。餐桌一般高 75 厘米左右，椅子一般高 45 厘米，一个身高 170 厘米的人上半身高度一般是 70 厘米，因此在餐桌上装饰物的整体高度一般不超过 30 厘米。这个标准也是比赛常用的标准，如果造型需要超高，中间也要采用镂空或者其他设计。此外，太高的造型摆放在餐桌上，会给客人一种"摇摇欲坠"的紧张感，影响用餐心情。装饰物的大小要根据餐桌的情况，要方便菜品、餐具的摆放，通常中心装饰物的直径不得超过餐桌宽度的 1/2。

（2）装饰物采用的物品要避免味道过大。装饰物是直接摆放在餐桌上的，与客人的距离十分近，因此要注意不可采用有异味或者香味特别突出的元素，以免造成客人不适，或者对菜品、酒品的香味造成影响。例如，在采用鲜花的时候，避免使用香水百合等花材。

（3）避免采用粉末状或其他可能漂浮的物品。宴会一般是在宽敞的空间进行，由于客人的走动、空调等产生空气流动，粉末状、羽毛状物品容易飘动。例如，细砂砾、羽毛、苔藓等物品，可能会飘到食物或饮料里，影响食品卫生。如果造型需要使用羽毛等物品，一定要用胶水固定牢固。

（4）主题装饰物要避免采用影响就餐氛围的元素。无论是西式宴会还是中餐宴会，宴会本身是一件令人高兴的事情，宾主之间通过觥筹交错增进感情，在品尝美味过程中加深了解。因此，宴会设计中不能采用会令人联想到死亡、政治、军事、伤病等不愉快的元素。

（5）主题装饰物要避免成本过高或不能循环使用。宴会台面设计中，在保障台面效果的同时也要注重节约、绿色、环保。全球餐饮业已经开始响应"碳达峰""碳中和"的号召，在节能减排方面采取了许多有意义的措施，改进了许多设施设备。宴会台面设计采用的材料也要符合节能环保要求，不使用一次性塑料制品，一般不使用昂贵的花材，不能使用有毒有害的材料。

在设计宴会台面过程中，一般参照以下流程。

（1）确定主题创意。根据宴会主题、宾主的身份、宴会的规格等因素确定中心台面装饰物的主题创意来源。例如，常见的订婚宴可以采用天鹅、丘比特等主题创意，政务宴请可以采用本地地标性建筑或特色产品为主题创意。

（2）选择合适的花台造型。一般来讲，西餐宴会中心主题装饰物造型有插花造型、果蔬造型、面塑造型、糖艺造型、综合造型等。

最常见也是最重要的是插花造型，采用花瓶、花盆或盆景等。西餐宴会台面的插花造型要注意以下 8 点。

①选用鲜花，不可用假花。

②选择合适的花材，注意花语。例如，玫瑰花代表爱情，向日葵、康乃馨适合于感恩主题。

③要注意尊重客人习俗，避免选择客人禁忌的花材。例如，日本客人不能用荷花，法国客人不能用菊花。

④花材的搭配要突出"少""搭"的特点。"少"是颜色种类不能太杂，一般一个花台造型大约有三种颜色；"搭"是指颜色搭配合理，通常的颜色搭配采用反差搭配，也叫对比搭配，台面设计人员要掌握一些色彩学原理，避免出现"桃红翠绿"的搭配，让人感觉不舒服。

⑤西餐宴会的花台造型要突出西式，不能采用中餐宴会的插花造型。中式插花以线条造型为主，注重自然典雅，要求活泼多变，线条优美；重写意，讲究情趣和意境。而在西式宴会的长方形餐桌上，可以采用西式圆球形、西式园林平铺形等，西式宴会花台一般注意对称，多用各种不同颜色和质感的花组合而成；以几何图形构图，讲究对称和平衡，注重整体色块艺术效果，富于装饰性。

⑥花台的造型要主题突出、层次分明、整体协调。

⑦插花造型盛器的颜色和材质要与餐具搭配和谐。

⑧切记不可漏出花泥。在插花中使用的花泥、浇花水、根等都要小心处理，以防止污染食物。

五、宴会菜单设计

菜单设计包含菜品设计和菜单装帧设计。

西式宴会设计要掌握一定的西式餐饮文化知识。正如本书第一章所提到的，西餐有法式、意式、美式等，各国菜肴在选料、烹调方法、口味、火候等方面有所不同，而且不同国家的餐饮习惯也有不同。通常来讲，传统西餐宴会的菜品往往是由开胃菜、面包、汤、主菜、点心、甜品、水果、热饮等组成。随着时代的发展，西餐的菜品数量也发生了变化，菜肴道数也略有精简，一般来说由开胃菜、汤、副盘、主菜、甜品、咖啡组成。

开胃菜也称为开胃品、头盘，是西餐的第一道菜。通常有鸡尾酒开胃菜、开胃品、派、鱼子酱等。开胃菜的特点是总量比较少，颜色比较鲜艳，装饰十分精美，口味清新，味道以偏酸为主，能够起到开胃的作用。

面包在西餐中一般都是免费提供并配有黄油，客人到店后赠送，因此，在菜单上是不会出现面包的。

汤，一般是第二道菜，大体上分为浓汤、清汤、冷汤三种，最常见的是浓汤，加入了奶油、番茄酱等增加汤的浓稠度，如奶油蘑菇汤、奶油番茄汤等。

沙拉指的是各种凉拌菜，其作用与开胃菜类似，主要有水果沙拉、蔬菜沙拉、荤菜沙拉等。沙拉通常作为配菜与主菜一同上菜，但荤菜沙拉可以单独作为一道菜。

副菜通常以鱼类、贝类等海鲜为主，配以蔬菜、意面、土豆等菜，加上酱汁的一道菜品。例如，常见的香煎银鳕鱼、腌熏三文鱼都是副菜。

主菜是宴会中最重要的一道菜，以红肉为主料，如猪、牛、羊的各个部位，烹调方法是扒、煎、烤、煮、焖等，配菜主要有淀粉类的土豆、意面和蔬菜。例如，常见的T骨牛排、惠灵顿牛排都是主菜。

甜品是主菜后的一道菜，品种有泡芙、布丁、冰激凌等，通常主菜如果比较丰富或者偏油腻口味，可以搭配类似水果冰激凌等口味比较清爽的甜品，以便让客人能够快速地解除油腻。

（一）菜品设计原则

菜品的顺序确定好后，就要设计每道菜。西餐菜品十分丰富，既有传统的经典菜品，也有每个厨师或者酒店的自创菜品。在菜品设计中要把握以下原则。

（1）菜品要符合营养健康和法律要求。首先，食材要符合法律的规定，野生动物、珍稀植物等都是法律禁止食用的。除此之外，在政务宴会菜单设计中也要符合政府政务接待的相关规定，在数量、价格、原料上不得超出规格要求。菜品要注重营养搭配，合理膳食。当前人们对于营养膳食的要求日益增加，不同年龄段的客人又有侧重点，中老年客人要注重防控"三高"、便秘、糖尿病等，青少年要注重营养多样化，要多吃一些富含蛋白质、葡萄糖、氨基酸、维生素、矿物质等营养成分比较多的食物，同时要防止摄入热量过多的食物从而导致肥胖。具体的营养搭配知识可以参考营养学的专业书籍。

（2）菜品要注意搭配。除了上述的营养搭配，还有色彩搭配、烹饪方法搭配。

在色彩搭配上，要让每道菜看都赏心悦目，秀色可餐。西餐是十分注重摆盘和盘饰的，在主菜确定后，采用何种酱汁、辅料进行搭配能够让这道菜激发客人的食欲，也是菜单设计者和厨师的重要思考内容。

烹饪方法搭配主要是为了能够让客人体会到不同口感。西式烹饪方法主要有蒸、烤、炸，在菜单上尽量体现丰富的烹饪方法，让菜品中既有松软的，也有酥脆的口感。

此外，西式宴会要注意选用多种食材，一般一种食材只使用一次。例如，沙拉中配有紫甘蓝，在其他菜品中就不再搭配紫甘蓝。

（3）菜品的口味要注意迎合宾客的口味和饮食习惯。宾客的宗教、地域、年龄、身体状态等因素都要考虑。

（4）充分考虑菜品的制作时间。西餐宴会每道菜品的间隔时间大概为15分钟，如果下一道菜迟迟无法上菜，会造成宴会的失败，因此在菜品设计过程中，要注意考虑菜品的出品时间，尽量不要选择需要长时间蒸、烤的菜品，或者提前制作半成品待用。

（5）不要烹饪需要客人去骨、吐渣的菜品。西餐宴会过程是比较文雅的，如果客

人用餐过程中要吐虾壳或者骨头，会造成尴尬。

（6）突出特色和创新。宴会的菜品要充分体现当地的特色和风味，施展本店的特长，要有新颖的风格和特色，体现出宴会设计者和厨师的水平。

（二）菜单设计原则

菜单装帧设计主要考虑封面设计、材质选择、文字图案、酒水搭配等方面。

（1）菜单的封面。菜单是连接宾客和服务人员的"桥梁"，而封面又是整个菜单的"门面"，因此菜单的封面要体现本次宴会的主题，突出西式宴会的特点。封面图案要简约、美观，与整个宴会台面相匹配。

（2）菜单的材质。菜单的材质可以选择纸质、金属、陶瓷、纺织物等。传统意义上的菜单材质是纸质的，经常采用耐磨又不易沾染油污的重磅涂膜纸张，其硬度、质量、良好的印刷效果能给客人带来高品质体验。随着印刷技术、3D打印技术等兴起，菜单也可以采用亚克力、丝绸、不锈钢等材质。西餐宴会的材质仍然要与主题相呼应，同时保持环保、美观等原则。

（3）菜单的文字。首先，字体要清晰，方便客人观看，不要有拼写错误；其次，要注意结合西餐菜名的规则，西餐菜单还需要使用外文标注菜名，方便客人能够通过菜名就知道菜品的主材、烹饪方法。目前市场上流行将口味标注在菜品后，以便客人提前掌握，如中辣、咸鲜、酸甜等。

（4）菜单的插图。要注意图片不可过多或杂乱，以致影响文字的阅读，一般菜单40%~50%的区域要留白。图片要与西餐宴会主题相符，与封面相搭配；图片要精美，能够引起人们的食欲。

（5）餐酒搭配。西餐是十分讲究酒水搭配的，采用合适的酒搭配菜，能够使宴会增光添彩。传统的西餐宴会酒水选择伴随菜品顺序，有开胃酒、佐餐酒、餐后酒。如果用餐人数不多，可以采用"鸡尾酒＋佐餐酒"的形式，以免浪费。开胃酒要选用偏酸、苦等口味，以达到生津开胃的功能。如果是使用鸡尾酒，要采用短饮类鸡尾酒。佐餐酒是搭配主菜的酒水，这种餐酒搭配的学问十分丰富，一些顶级的餐厅有专业的"侍酒师"从事这项工作，但大体原则是"红酒配红肉，白酒配白肉""高档菜配高档酒""酒香激发菜香"等。

六、物品摆放的设计

西餐宴会中每位客人使用的餐具较多，为了方便顾客使用，在物品摆放时要注重物品的位置和距离，留出足够的空间。我们以正式西餐宴会和西餐休闲餐厅两种模式结合历届全国职业院校技能大赛的评分标准进行介绍。

西餐宴会模式中，客人入座前须将本次宴会所需要的所有餐具都依次摆放好。在铺好桌垫和桌布之后，其他物品大致顺序和标准如下。

（1）摆放装饰盘，装饰盘是所有餐具定位的第一步，因此，盘与盘之间距离要均等，装饰盘中心线与椅子中心在一条直线上。装饰盘边缘距离桌边沿一般 0.5~1 厘米。

西餐宴会
摆台

（2）摆放右侧餐具，展示盘右边从内向外依次是主餐刀、鱼刀、汤匙、开胃品刀。所有的刀刃向内侧。鱼刀一般距离桌边 3 厘米，其余餐具距离桌边 0.5~1 厘米。餐具与餐具之间的距离以最窄处 0.5 厘米计算。所有餐具的中心线与桌边沿垂直。

（3）摆放上方餐具，展示盘上方由下至上依次是甜品叉和甜品勺。甜品叉手柄朝左侧，距离展示盘 1 厘米，甜品勺手柄朝右侧，距离甜品叉 0.5 厘米，两把餐具中心线平行于桌子边沿。

（4）摆放左侧餐具，展示盘左边从内向外依次是主餐叉、鱼叉、开胃品叉、面包盘、黄油刀和黄油碟。其中主餐叉、鱼叉、开胃品叉相互之间距离以最窄处 0.5 厘米计算。所有餐具的中心线与桌边垂直。面包盘中心与展示盘中心的连线要平行于桌子边沿。黄油刀放在面包盘右侧 1/3 处。黄油碟中心点在黄油刀中心线延长线上，距离黄油刀刀尖 3 厘米。

（5）摆放酒具，在开胃品上方先摆放白葡萄酒杯定位，白葡萄酒杯脚的中心线与开胃品刀在一条线上，距离开胃品刀尖 2 厘米。然后摆放红葡萄酒杯，杯肚距离白葡萄酒杯杯肚 0.5 厘米，方向在白葡萄酒杯左上角 45°。最后摆放水杯，杯肚距离红葡萄酒杯杯肚 0.5 厘米，方向在红葡萄酒杯左上角 45°。三个杯子呈斜 45° 左右的直线。

（6）摆放中心装饰物，装饰物一定要位于餐桌的正中心，观赏面朝向主人位。

（7）摆放烛台，两侧烛台的位置距离中心装饰物边沿距离要一致，以达到平均的效果。如果是三头烛台，要注意三个蜡烛所在的直线要与三套杯具所在的直线平行。烛台中心线位于餐桌中心线上。

（8）摆放椒盐瓶、牙签盅。牙签盅距离烛台底部边沿 10 厘米，牙签盅的底座压在台布中凸线上，椒盐瓶与牙签盅相距 2 厘米，胡椒瓶和盐瓶之间距离 1 厘米，左侧为胡椒瓶，右侧为盐瓶，两者分别在桌布中线两侧（牙签盅在实际宴会中很少出现在餐桌上，此处以全国职业院校技能大赛的标准为例进行介绍）。

（9）摆放餐巾花。西餐宴会的餐巾花是盘花，主人位的高度一般要高于其他位置。此外，餐巾花不可超出展示盘。餐巾花方向一致，造型挺括。

（10）椅套整理检查工作。

以上讲的是西餐宴会摆台的要求和大致流程，在操作过程中可以稍加调整，以方便操作，物品摆放过程中要注意操作卫生和操作安全。

下面针对西餐休闲餐厅物品摆放进行简要介绍，休闲餐厅的物品要比宴会台面物品精简许多，基本理念是先摆放基础物品，客人到达后，根据客人的点单再补充物品。

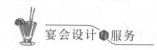

（1）摆放装饰盘，位置距离桌边 1 厘米左右。

（2）摆放主餐刀和主餐叉，主餐刀位于展示盘右侧 0.5 厘米，主餐叉位于展示盘左侧 0.5 厘米。

西餐宴会
摆台

（3）摆放面包盘和黄油刀。

（4）摆放 1 个高脚杯。高脚杯摆放在主餐刀正上方 3 厘米处。

（5）摆放椒盐瓶。

（6）摆放花瓶。零点餐厅装饰物一般用简洁的花瓶即可。休闲餐厅的零点餐台根据每个酒店的经营方式不同，在摆台上存在一定的差异，如有些只放一个高脚杯，有些放两个高脚杯，有些餐厅有餐垫，有些则没有。

【知识链接】

全国职业院校技能大赛"西餐宴会服务"赛项评分表

项　目	项目评分细则	分值	扣分	备注
工作台准备 （2分）	餐器具、玻璃器皿等清洁、卫生	2		
	工作台整洁，物品摆放整齐、规范、安全			
铺台布 （2分）	台布中凸线向上，两块台布中凸线对齐	2		
	两块台布在中央重叠，重叠部分均等、整齐			
	主人位方向台布交叠在副主人位方向台布上			
	台布四边下垂均等			
	台布铺设方法正确，最多四次整理成型			
餐椅定位 （2分）	从主人位开始按顺时针方向进行，从席椅正后方进行操作	2		
	席椅之间距离均等，相对席椅的椅背中心对准			
	席椅边沿与下垂台布距离均等			
装饰盘 （3分）	手持盘沿右侧操作，从主人位开始摆设	3		
	盘边离桌边距离均等，与餐具尾部成一线			
	装饰盘中心与餐椅中心对准			
	盘与盘之间距离均等			
刀、叉、勺 （8分）	刀、叉、勺由内向外摆放，距桌边距离均等（每个0.1分）	8		
	刀、叉、勺之间及与其他餐具间距离均等、整体协调、整齐（每个0.1分）			

项　目	项目评分细则	分值	扣分	备注
面包盘、黄油刀、黄油碟（3分）	面包盘盘边距开胃品叉1厘米（每个0.1分）	3		
	面包盘中心与装饰盘中心对齐			
	黄油刀置于面包盘内右侧1/3处			
	黄油碟摆放在黄油刀尖正上方，间距均等			
杯具摆放（3分）	摆放顺序：白葡萄酒杯、红葡萄酒杯、水杯（白葡萄酒杯摆在开胃品刀的正上方，杯底距开胃品刀尖2厘米）	3		
	三杯向右与水平线呈45°角			
	各杯肚之间距离均等			
中心装饰物（1分）	中心装饰物中心置于餐桌中央和台布中线上	1		
	中心装饰物主体高度不超过30厘米			
烛台（1分）	烛台与中心装饰物之间距离均等	1		
	烛台底座中心压台布中凸线			
	两个烛台方向一致			
牙签盅、椒盐瓶（2分）	牙签盅与烛台底边间距均等	2		
	牙签盅中心压在台布中凸线上			
	椒盐瓶与牙签盅距离均等			
	左椒右盐，椒盐瓶与台布中凸线间距均等			
餐巾盘花（3分）	在平盘上操作，折叠方法正确、卫生	3		
	在餐盘中摆放一致，正面朝向客人；造型美观、大小一致，突出主人位			
操作动作与西餐礼仪（5分）	托盘方法正确，操作规范；餐具拿捏方法正确，卫生、安全	5		
	操作动作规范、熟练、轻巧、自然、不做作			
	操作过程中举止大方、注重礼貌、保持微笑			
	仪容仪态、着装等符合行业规范和要求			
	操作神态自然，具有亲和力，体现岗位气质			
主题设计（10分）	台面整体设计新颖、颜色协调、主题鲜明	10		
	中心装饰物设计精巧、实用性强、易推广			
	中心装饰物现场组装与摆放			
合　计		45		

违例扣分：
物品掉落每件扣3分，物品碰倒每件扣2分，物品遗漏每件扣1分　扣分：　　　分

实际得分	

全国职业院校技能大赛"餐厅服务"赛项休闲餐厅模块评分表

序号	M= 测量 J= 评判	标准名称或描述	权重	评分
D1 仪容 仪态 （2分）	M	制服干净整洁、熨烫挺括合身，符合行业标准	0.2	Y/N
	M	鞋子干净且符合行业标准	0.2	Y/N
	M	男士修面，胡须修理整齐；女士淡妆，身体部位没有可见标记	0.2	Y/N
	M	发型符合职业要求	0.2	Y/N
	M	不佩戴过于醒目的饰物	0.1	Y/N
	M	指甲干净整齐，不涂有色指甲油	0.1	Y/N
	J	所有的工作中站姿、走姿标准低，仪态未能展示工作任务所需的自信	1.0	0
		所有的工作中站姿、走姿一般，面对有挑战性的工作任务时仪态较差		1
		所有的工作任务中站姿、走姿良好，表现较专业，但是仍有瑕疵		2
		所有的工作中站姿、走姿优美，表现非常专业		3
D2 餐前 准备 （8分）	M	正确领取必需的餐用具，合理摆放	1.0	Y/N
	M	确认餐用具的清洁，确保卫生安全	1.0	Y/N
	M	餐台桌布摆放平整美观	1.0	Y/N
	M	餐台餐用具摆放整齐、美观，方便客人使用	1.0	Y/N
	M	餐巾挺括整洁	0.5	Y/N
	M	花型一致，符合休闲餐厅需求	0.5	Y/N
	J	未完成包边台操作	3.0	0
		包边台操作不规范、不卫生、不平整、物品不整洁		1
		包边台操作规范卫生，但欠缺平整美观，物品不够整洁		2
		包边台操作正确规范、卫生、平整美观、物品整洁有序		3
D3 社交 技能 （6分）	J	全程没有或较少使用英语服务	2.0	0
		全程大部分使用英语服务，但不流利		1
		全程使用英语服务，较为流利，但专业术语欠缺		2
		全程使用英语服务，整体流利，使用专业术语		3
	J	与客人无交流，客人需要自己解决问题，服务缓慢	2.0	0
		有一些交流，呈送菜单，有基本服务		1
		与客人交流良好，帮助客人入座，呈送菜单并介绍		2
		热情且真诚地迎宾，帮助客人入座，呈送菜单并介绍，关注细节，展现良好的服务水平		3
	J	选手没有社交能力或客人无交流	2.0	0
		选手与客人有一定的沟通，在工作任务中展现一定水平的自信		1
		选手展现较高水平的自信，与客人沟通良好，整体印象良好		2
		选手展现优异的人际沟通能力，自然得体，有关注细节的能力		3

序号	M= 测量 J= 评判	标准名称或描述	权重	评分
D4 酒水 服务 （9分）	M	向客人询问并提供倒水服务	1.0	Y/N
	M	向客人推销介绍酒水	1.0	Y/N
	M	提供红葡萄酒的示酒、开瓶、醒酒、鉴酒和斟酒服务	1.0	Y/N
	M	提供白葡萄酒的酒水准备、示酒、开瓶和斟酒服务	1.0	Y/N
	J	服务红葡萄酒流程差，动作不佳，缺乏对客交流 服务红葡萄酒流程一般，动作一般，有一定的对客交流 服务红葡萄酒流程良好，动作自然得体，对客交流良好 服务红葡萄酒流程优秀，包括示酒、开瓶、醒酒、鉴酒和斟酒，动作非常自然得体，对客交流能力强	3.0	0 1 2 3
	J	服务白葡萄酒流程差，动作不佳，缺乏对客交流 服务白葡萄酒流程一般，动作一般，有一定的对客交流 服务白葡萄酒流程良好，动作自然得体，对客交流良好 服务白葡萄酒流程优秀，包括酒水准备、示酒、斟酒，动作非常自然得体，对客交流能力强	2.0	0 1 2 3
D5 餐食 服务 （10分）	M	正确调整客人餐用具	1.0	Y/N
	M	正确服务面包	0.5	Y/N
	M	提供餐食与客人点单内容相符	1.0	Y/N
	M	正确服务调味汁	0.5	Y/N
	M	正确询问烹制要求	0.5	Y/N
	M	正确采用美式服务方式服务	1.0	Y/N
	M	上菜顺序正确	0.5	Y/N
	M	餐食摆放方式正确	1.0	Y/N
	M	正确服务咖啡或茶	0.5	Y/N
	M	水杯留到用餐结束	0.5	Y/N
	M	用餐结束正确清理收尾	1.0	Y/N
	J	服务不自然，流程不流畅，服务与清台技术差，缺乏组织管理能力 服务流程比较流畅，服务与清台技术一般，有一定组织管理能力 服务流程良好，服务与清台技术良好，服务中自然得体 服务与清台流程优秀，对客交流能力强，组织管理能力强，服务非常自然得体	2.0	0 1 2 3
合计			35	

任务三　西式宴会台面赏析

为了能让读者对西式宴会的台面设计有进一步的直观了解，下面通过几个案例进行赏析。

一、万圣节主题案例

万圣节主题宴会设计

每年的 10 月 31 日是西方国家的传统节日——万圣节，也叫作"鬼节"。万圣节最初的目的是防止死人的灵魂找替身返世，人们把自己打扮成妖魔鬼怪吓走死人的灵魂。今天，在整个西方，人们都把万圣夜看作尽情玩闹的好机会。万圣节的意义发生了变化，喜庆的意味成了主流。

在万圣节前夜，人们穿戴上各种服饰和面具参加万圣夜舞会，进行狂欢。到处装饰着巫婆、黑猫、幽灵和龇牙咧嘴的南瓜灯，为万圣节营造出一种与众不同的氛围。

在孩子们眼中，万圣节是一个到处有糖果的节日。当夜幕降临时，孩子们会提着南瓜灯，穿着各式各样稀奇古怪的服装，挨家挨户地去索要糖果，不停地说："Trick or treat."要是有人不肯给糖果的话，孩子们就会变成小捣蛋鬼，用各种方法去惩罚他。这些小恶作剧常令大人啼笑皆非。当然，大多数人家都非常乐于款待这些天真烂漫的小客人。

本宴会采用黑色丝光材质的桌布，黑色其实在宴会中是要谨慎使用的，会给客人带来严肃、庄重等压抑感。在本案例中，丝光材质能够增加活泼性，并与万圣节这一"鬼节"相结合，同时为了改变主题的沉闷，在中心装饰物的设计上，采用了许多卡通版的南瓜灯式样，让主题显得俏皮可爱。面具装饰可以让客人在享用完美食后就拿起来去跳舞、去狂欢，去享受节日的快乐。餐巾花颜色选用的是大红色，黑色配红色这种冷热搭配十分耀眼，能够吸引人的眼球，主人位的餐巾花折叠成蜡烛形状，富有历史感和年代感。其他位置的餐巾花使用环花折叠成领结图形，代表了欢迎客人。在餐具上，选用的是以白色为底色的骨瓷餐具，在黑色的桌布上，白色能更显得干净、明亮。在这个作品中，椅套选用的是纯白色弹力椅套，略显得单调，可以增加一些万圣节图案和主题相辉映。

二、向日葵主题案例

向日葵主题宴会设计

凡·高是著名的荷兰后印象派画家。凡·高的向日葵这一系列作品是凡·高在法国南部所作，是艺术史上的一个里程碑。凡·高的向日葵以淡黄色为背景，将金黄色的向日葵作为主体，加以青色和绿色点缀。整幅画就像燃烧的火焰，明亮且充满强烈的生命力，让人感到生活充满着希望。许多评论家都认为，凡·高的向日葵是他自己内心情感的真实写照。他笔下的向日葵也不仅仅是植物，而是带有原始冲动和热情的生命体，是阳光和生命的象征。

本主题的桌布选用黄色，没有采用明黄，而是使用麦秆黄，能够让台面显得稳重，不轻浮；同时，丝光材质能够让桌面更加亮丽，在灯光下的效果更明显。黄色主题色调也与向日葵的黄色为同一色系，颜色上比较统一。中心装饰物的设计上选用的是观赏向日葵，在控制装饰物高度和大小的前提下选用西式花瓶作为载体，既方便操作又与主题"梵高的向日葵"一致。为了能进一步明确主题，在花瓶旁采用复古相框的形式把梵高的向日葵作品的明信片展示出来，实现主题说明牌的功能。本宴会主题的一对单头烛台让整个桌面的层次感显现出来。在餐具选择上，本主题选用的是带有网格图案和金色边缘装饰的瓷器来突出台面的豪华和优雅，相应的椒盐瓶同样也采用这种图案，实现了风格上的统一，整个台面让艺术与西餐饮食文化交相呼应。人们沐浴在这金色阳光之中，在品尝美食的同时，也升华了心灵。

三、奥斯卡主题

奥斯卡主题宴会设计

奥斯卡，全称为奥斯卡金像奖。它设立于 1928 年，每年都会在美国洛杉矶的好莱坞举行。奥斯卡金像奖与意大利威尼斯、法国戛纳、德国柏林国际电影节并称世界影坛最重要的四大电影奖，对世界电影艺术有着不可忽视的影响。

每年一度的奥斯卡颁奖典礼是全世界电影人的盛会。能够受邀参加典礼，亲自在红地毯上走一次，甚至能将"小金人"收入囊中，是所有电影人毕生的梦想。在近一个世纪的时间里，在奥斯卡上涌现出了《乱世佳人》《教父》《泰坦尼克号》《阿甘正传》等许多优秀的电影作品。同时也产生了像丹泽尔·华盛顿（Denzel Washington）、汤姆·汉克斯（Tom Hanks）、奥黛丽·赫本（Audrey Hepburn）等著名演员。这些电影作品陪伴了全世界几代人的成长。

在布草的选择上，选用了金色丝光的口布，象征着无数的闪光灯，餐巾花选用的是环花。主人位选用的是蜡烛造型，副主人位选用的是三角棚造型，其他客人位选用的是简洁的卷轴造型，三种餐巾花方便操作，同时也突出了主人位和副主人位。餐巾扣配有蕾丝造型，显得更加典雅。在中心装饰物的选择上，采用了西式长方形花台的组合，大量红玫瑰打底铺成了明星们争奇斗艳的红地毯，花台外零星散落着玫瑰花瓣。在此基础上，通过花泥打造一个小的平台，放置了耀眼的小金人、放映机和播放着获奖影片的荧幕，使得主题更有层次感；在这些装饰物的选择上，小金人朝向主人位，还有一个女性模特玩偶朝向副主人位，使得主题的观赏面更丰富；采用平板电脑模拟银屏，播放奥斯卡获奖影片，让客人仿佛置身于奥斯卡颁奖典礼现场，品尝美食的同时，获得愉悦的心情。

四、埃及主题

埃及主题宴会设计

众所周知，埃及是世界四大文明古国之一，古老而又富有神秘色彩。它悠久的历史文化吸引着无数的人去探索，去揭开那神秘的面纱。

这里有世界最长的河流——尼罗河，创造出了埃及独特的风光和丰富的物产。这里有巨大的金字塔、雄伟的斯芬克斯狮身人面像、神秘的木乃伊。在科技发达的今天，它们仍然是令人叹为观止的奇迹。这里有埃及艳后——克里奥帕特拉，她差点改变了世界；这里有让盗墓者害怕的法老王诅咒，是否存在仍然是一个巨大的谜团……埃及就像一个梦，让人心驰神往。

本宴会以高亮度丝光的金黄色桌布奠定了埃及沙漠的总基调。选用纯棉口布能够较好的定型，颜色上采用的是纯黑色。黑色的严肃、神秘感能将客人带入埃及的神秘时代中。中心装饰物的底座选用烤盘为载体，里面铺有大量的小米象征着漫漫黄沙，既形象，又环保节约。设计者创造性地使用蓝色食用颜料混合盐作为尼罗河的象征，在河的两岸搭配着金字塔、狮身人面像等象征埃及的标志性装饰品，设计者没有采用鲜花来做装饰，与一般的西餐宴会主题有所区别。在烛台的选择上，设计者采用了古埃及士兵模样的单头烛台，让客人在用餐时仿佛置身在漫漫沙漠中，悠悠尼罗河畔，感受几千年前埃及的繁华和神秘。

五、复活节主题

复活节主题宴会设计

复活节作为西方传统的宗教节日，是基督教纪念耶稣复活的节日。传说耶稣被钉死在十字架上，死后第三天复活升天。

彩蛋和兔子是复活节的象征，因此在中心装饰物中，兔子和彩蛋无疑成为主角。小兔子具有极强的繁殖能力，人们视它为新生命的创造者。节日中，成年人会形象生动地告诉孩子们复活节彩蛋会孵化成小兔子。美国人还为兔子取了一个可爱的名字——复活节的邦尼兔。复活节彩蛋的原始象征意义是"春天——新生命的开始"，并象征着耶稣复活走出石墓。在复活节中，父母要特地为孩子们准备由鸡蛋制成的彩蛋，并且互相赠送。装饰物的载体采用一个花盘，鲜花采用的是没有香味的亚洲百合，之所以采用百合花是因为在复活节这一天到处都可以见到漂亮的百合花。迷人的百合花象征着神圣和纯洁，并且在基督教中被视为"复活之花"，代表着心中的纯洁与神圣，绝对是复活节中不可缺少的花卉，所以它的英文名字也就叫作 Easter Lily。

　　设计者选用柳绿的亚麻材质桌布为底色，绿色象征春天、希望，亚麻材质又比较复古，搭配同样颜色的椅套带，让宾客可以感受到一种欢快、欣欣向荣的氛围。餐巾扣也精心选择了有兔子造型的白色陶瓷材质的，在突出主题的同时显得简洁明快。两个复活节兔子式样的单头烛台也是本主题设计的亮点所在，为主题设计增加了几分活泼和可爱。

【项目小结】

　　本项目主要讲解了西餐宴会主题设计的原则和思路，在西式主题宴会设计中要准确把握"方便实用、协调美观、紧扣主题、经济环保、尊重礼仪"等原则。充分考虑人、财、物、时等因素，运用美学、心理学、管理学等知识，将包含布草、餐具、杯具、花草等元素进行摆设和装饰。

【项目练习】

1. 通过网络查找一些知名西式宴会的图片或视频，并进行分析。
2. 以某个节日或者事件为主题，设计一个西式宴会主题。

项目五

宴会服务设计与技巧

》 学习目标

• 根据不同宴会客人需求，能够利用合适的工具和使用方法，提供满意的中、西式宴会服务。

• 了解鸡尾酒会的准备和服务流程要求。

• 了解自助餐会的准备和服务流程要求。

》 知识点

中式宴会服务；西式宴会服务；酒会宴会服务；自助餐宴会服务。

【案例导入】

巧妙应对，化险为夷

××酒店是某市一家口碑极好的酒店，坐落在城市中心。这一天，风和日丽，夕阳透过饭店大堂那宽广的落地玻璃，斜斜地照射进来，使一楼大堂的咖啡厅显得温馨可人。正值周末晚餐时分，宾朋满座，业务十分繁忙，在餐厅包房里，客人们已经陆续落座。这时一位先生落座后，点了一瓶高档葡萄酒，由于服务员较少，这位先生点的酒上得稍慢了一些。服务员小王把一瓶其他客人要的矿泉水给了这位先生，这位先生正因为酒上得慢而有些不高兴，一看上了矿泉水，一愣，而后生气地说："我没有要矿泉水，我要的是酒，葡萄酒！"小王马上回过味来，心想："糟糕，上错了！"但小王并没有慌张，他急中生智，将错就错，镇静地对那位先生说："先生您别着急，我们餐厅是专业餐厅，为让客人更好地品味美酒，所以餐厅规定，凡是点了高档葡萄酒，会配上矿泉水，以方便客人清口后，更好地品鉴葡萄酒的香气。"说得那位先生只是点头："噢，那好，那好，谢谢！"小王忙说："别客气。"于是抓紧给那位先生上葡萄酒。事后，小王心里直嘀咕："幸亏矿泉水价格不贵，还好掌握点酒水品鉴的常识。"

在服务过程中，服务人员应认真仔细地为客人服务，在业务繁忙时应该更加仔细地对待工作，不能因为来不及而忽视对客人服务的质量。若出现类似突发事件，也应急中生智巧用语言来缓解客人的不满。

任务一 中式宴会服务与技巧

一、中式宴会服务流程

中式宴会由于消费标准高、就餐人数多、菜品数量多、就餐时间长、文化习俗多等特点对服务的要求也比较高，在前面已经介绍了不同类型的中餐主题宴会设计的思路和技巧，下面对中餐宴会的迎宾服务、席间服务等常规服务流程进行介绍。

（一）宴会前的服务流程

1. 熟悉宴会信息

在客人到来之前，服务员要尽快熟悉宴会的信息，对宴会应做到"八知"和"三了解"。

（1）知台数。知道宴会的预订桌数、有无主桌、台数的备份情况等。

（2）知人数。知道参加宴会的总人数及来宾人数、主办单位人数、工作人员人数等。

（3）知宴会标准。知道宴会所订用餐标准、档次。

（4）知开餐时间。知道宴会所订的开餐时间。

（5）知菜式品种。知道宴会的菜单安排及菜品简单制作方法、口味以及上菜顺序，这一点要尤其重视。

（6）知主办单位。知道宴会的主办单位以及宴会主题、目的。

（7）知邀请对象。知道宴请的主宾姓名或宴请的单位名称。

（8）知结账方式。知道宴请安排单位的负责人是谁、签字有效人是谁，最终结账方式是现金、支票、移动支付、刷卡或其他方式。

了解宾客风俗习惯，弄清宴会客人的人数以及有无少数民族，并对这些民族的风俗习惯要准确了解；了解客人的生活忌讳和用餐忌口；了解客人的特殊要求，客人的特殊需要应尽力给予满足。

2. 全面检查设施设备，符合开餐标准

在客人来临之前，所有摆台等准备工作结束之后，当班服务员或者领班要全面检查顾客直接使用和面对的灯光、餐具、桌椅、卫生间等设施设备的完好程度和卫生程度，检查服务人员服务所需的开瓶器、分菜勺等器具的完好程度和卫生程度。重要宴会需要进行两次以上的检查方可迎客。

大型宴会可以提前摆放好冷盘，一般在开餐时间前 10 分钟左右摆放，这样可以避

免客人到场后席间服务的忙乱。冷盘摆放要注意菜点色调的分布、荤素的搭配、菜型的正反、菜盘间的距离、造型美观度等。

（二）迎宾服务

迎宾服务是客人与餐厅服务人员建立第一印象的重要环节，要高度重视才能在较短时间内让客人对餐厅产生好感。在整体的迎宾服务过程中，要做到热情有度、落落大方。

中餐迎宾
服务

客人到来前，服务人员在门口提前等待，要注意站姿，体现服务人员的精气神，不可有多余小动作或者不雅的行为。

客人距离 3 米左右要鞠躬迎接，问好。要注意鞠躬度数以 15° 为宜，问候时要面带微笑，常用语为"欢迎光临"，声音清晰悦耳。

茶水服务

引领客人至餐桌或休息区。要注意引领手势，走在客人前方 1.5 米左右，并随时回头招呼客人，避免一直背对客人，对客人"不理不睬"。

如客人在休息区等待，可待客人落座后奉上提前准备好的水果拼盘或者茶水，并奉上湿毛巾。此时也可询问客人是否需要脱掉衣帽，并帮助客人挂好衣帽，记住每位客人的衣帽，以免弄混。

待客人陆续到齐后，询问是否可以入座，并为客人拉椅让座，一般只为主人或主宾拉椅。

客人入座后，从主宾开始陆续为客人铺餐巾、撤筷套，并通知厨房走菜。

（三）宴会席间服务

1. 酒水服务

中餐宴会中以白酒、啤酒、饮料为主。江浙地区的客人饮用黄酒较多，近年来葡萄酒在中餐宴会上也扮演了越来越重要的角色。酒水服务一般有以下步骤。

为客人斟倒茶水。从主宾开始，为客人斟倒茶水。如果客人点了鲜榨果汁等饮料，可以在饮料杯中斟倒饮料。

鉴酒和开瓶。中餐宴会的酒水一般都比较贵重，在开瓶前要询问主人是否开瓶，以免造成误会。普通价格的啤酒等酒水可不用鉴酒。在开瓶服务中，如是葡萄酒，要注意酒瓶锡封切割整齐，并提供专业的侍酒服务。

为宾客斟倒酒水时，应首先征求宾客意见，一般是从主宾位开始，顺时针方向为客人斟倒酒水。如有两名服务员同时服务，则一名服务员从主宾开始，另一名服务员从副主宾开始，按顺时针方向依次进行。如宾客不需要，应及时将宾客面前的空酒杯撤走。

斟倒酒水时，服务员应站在宾客右后方，侧身而进，右手持瓶，酒标朝向客人一侧，瓶口距离杯口 1~2 厘米，中国白酒斟至 8 分满，红葡萄酒斟不超过 1/2 杯（液面一般不超过杯肚最大位置），啤酒应使用透明啤酒杯，斟倒 8 分酒液 2 分泡沫。其他饮料一般是 7~8 分满。

宴会进行过程中，如遇宾主致辞祝酒，服务员应提前斟好酒水，尤其应注意主宾和主人，当杯中酒水少于 1/3 时应及时添加。当宾主致辞祝酒时，服务员应停止一切活动，端正站一旁等待，以免打扰客人兴致。

2. 菜肴服务

冷菜用掉 1/3 时，开始上热菜，也可在斟酒完成后就上热菜。中餐宴会服务一般的上菜顺序是：先凉菜后热菜，热菜中先上名贵菜肴、海鲜，再上肉禽类、整形的鱼、蔬菜、汤品、面食点心，最后上水果。需要注意的是，我国各地的上菜顺序会有一些风俗习惯的不同，有些地方是先上冷菜，再上汤，再上热菜。有些地方是先上主食点心，然后上凉菜和热菜。因此服务人员要根据当地习惯具体把握。

每道菜上菜前，要检查菜品是否符合上菜标准，做到餐具破损不上，不见菜单不上，菜品有异物不上，菜品分量不足不上，配菜不对不上，菜品有异味不上，菜品色泽不好不上，菜品没有厨房打印小单不上，装盘不符合规定不上。

中餐上菜服务

上菜时，要正确选择上菜的位置。一般选在陪同位进行，忌在主人和主宾之间上菜。要注意上菜时端平走稳、轻拿轻放。不可从客人头顶、肩部上面越过。不从儿童附近上菜，以免造成危险。

菜肴上桌后应转动转盘，将新上菜肴送至主宾与主人面前。如用长条形盘，则应使盘子横向朝向主人；如上整形菜，则讲究"鸡不献头、鸭不献掌、鱼不献脊"；如所上菜肴跟有佐料，则先上佐料后上菜；如所上菜肴中有手抓排骨类，需要提供一次性的手套；如上的是刺身类菜品，要在菜品旁使用味碟，倒入拌好的芥末、酱油、醋等调味汁；如上的是虾等需要去壳的海鲜类菜肴时，要配洗手盅，并提醒客人不可食用；如上拔丝类菜肴时，要配上一碗凉水。

每上完一道新菜，应向客人报菜名，如上招牌菜及特色菜，还应向客人介绍菜肴风味特点、历史典故及食用方法。

如需提供分菜服务，如西湖牛肉羹、荷香鸭等菜品则先上菜肴请客人观赏，再拿到备餐台上分好上给客人。分菜时要胆大心细，分派的分量均等。分菜时，要注意每份菜品荤素搭配、颜色搭配。不能将所有的菜品一次全部分完，以显示菜品丰盛和避免客人加菜。

做好撤换餐碟服务。服务人员将客人不使用的餐具及时撤换，可以保持台面清洁卫生，显示服务水平，也能保证每道菜的口感正宗，突出风味特点。在客人吃完带壳、带骨的菜肴，带有糖醋浓汁的菜肴后要及时更换。客人的餐盘中有较多食物残渣时要及时更换，客人的餐具跌落或污染后要及时更换。一般撤换餐碟采用托盘服务，将干净的餐碟放在托盘内，礼貌

中餐撤盘服务

询问客人是否可以更换，得到允许后，为客人撤换餐碟。

待所有菜品上齐后，应告知客人，使用礼貌用语如"您的菜已上齐，请慢用"。

待客人热菜食用进行到尾声时，就可以上餐后水果。应为客人换上新毛巾并奉上茶水。

（四）宴会餐后服务

待菜品上齐后，服务人员在做好巡台服务和席间服务的同时，应做好结账准备，清点所有宴会菜单以外的另行计费项目，如酒水、加菜等并计入账单，随时等候客人结账。

主人宣布宴会结束时，服务人员要提醒宾客注意携带自己的随身物品。客人起身离座时，服务员要主动帮客人拉开椅子。客人离座后，服务员要立即检查是否有客人遗漏的物品，及时帮助客人取回自己的衣帽。

中餐送客
服务

在引领送别客人的过程中，可礼貌询问对菜品和服务的满意度，以便提升酒店的服务质量，以及欢迎客人再次光临。

宾客全部离座后，服务员应迅速通知前台做好结账准备。同时分类清理餐具，整理台面。清理台面时，应依次按照餐巾、毛巾、玻璃器皿、金银器、瓷器、刀叉、筷子的顺序分类清理，贵重物品应当面点清。一些餐厅的清洗工作是外包给专业公司人员，因此清点工作尤为重要。

完成台面清理后，服务员应将新的餐具、用具恢复原位并摆放整齐，做好清洁卫生和下次开餐的准备工作。

二、中式宴会服务技巧

中式宴会服务过程中体现了中华传统礼仪文化以及现代服务理念，最终目的是给顾客提供周全、满意的服务，让顾客感觉到热情、周到，其中也有一些操作上的技巧可以掌握。

（一）葡萄酒服务技巧

随着葡萄酒文化在我国的传播，越来越多的餐桌上出现了葡萄酒，包括红葡萄酒、白葡萄酒、起泡酒等，对服务人员提出了新的要求。下面我们对葡萄酒的示瓶、开瓶、鉴酒、醒酒、斟酒等服务内容进行介绍。

（1）示瓶。一些葡萄酒由于价格昂贵，在开瓶前需要给主人示瓶确认。在示瓶前，擦拭干净瓶身，白葡萄酒和起泡酒一般需要采用冰桶冰镇，温度到 8 ℃左右，红葡萄酒无须冰镇，最佳饮用温度在 18 ℃左右。示瓶时，商标朝向客人，站在客人右侧，询问是否可以开瓶。

（2）开瓶。红白葡萄酒的开瓶，要注意瓶子的锡封切割整齐，采用海马刀等开瓶工具，不可将橡木塞钻破以免木屑掉入酒中，拔出木塞时不可发出声音以免惊吓到客人。

完整的橡木塞要放在侍酒碟中，供主人查验。

（3）鉴酒。开瓶后，一般需要先倒30毫升左右到服务员的酒杯，通过观色、闻香、品味确认酒水无问题后，给主人同样斟倒30~40毫升，请主人确认品质。

（4）醒酒。年份较大的红葡萄酒需要通过醒酒，使其充分接触空气后发生氧化作用，才能释放红葡萄酒的香气。醒酒可以采用醒酒器，能够加速醒酒的时间。醒酒时间一般为10~20分钟，根据不同品种、年份而不同。

（5）斟酒。斟酒一般从主宾位开始，站在客人右侧，商标朝向客人，瓶子不得接触到杯口以免发出声音。斟酒量根据杯子的大小，一般不超过1/2，如果采用大型的勃艮第杯，不超过1/4，斟酒时不可滴酒。

（二）分菜的技巧

分菜是酒店中餐服务人员的基本功之一。如遇到需要分菜的菜肴，应先给客人展示、介绍菜品，客人欣赏完毕后询问是否需要分菜。分菜的工具一般采用筷子、长柄勺、西餐刀、西餐叉。

中餐分菜服务

分菜最好采用服务台分菜。在征得客人同意后，将菜品从餐桌撤下，搬到服务台进行分菜，这样可以防止服务员因紧张造成的错误操作。

分菜时，不可将菜品分完，应该在盘中留少许，以示丰盛，同时满足客人添菜的需求。

在分鸡、鸭、鸽子等禽类整只造型时，不可将头、尾分给客人用餐。

在分派造型菜肴时，将造型菜均匀地分给宾客。如果造型太大，可先分一半，处理完上半部分造型物后再分其余的一半；也可以将使用的造型物均匀地分给宾客，不可食用的，分完菜后撤下。

在分派菜肴过程中，无论采用什么工具，采用什么分菜方法，都要尽量避免发出响声，以免影响顾客交流。

在分菜时，要体现均匀，每位客人的总量要均匀，每份菜品的荤素、颜色、主辅料要基本保持一致。

服务人员分菜时应随时关注宾客对该菜肴的反应，比如是否有人忌食或对该菜肴有异议，应立即给予适当处理。

（三）菜品摆放技巧

中餐宴会菜品比较多，异形盘、大型盘逐渐流行，加上菜品的造型化越来越多，对服务人员的考验也逐渐增大。上菜的过程中，要保证菜品的摆放既安全又美观，同时方便客人食用。

菜肴的观赏面要朝向客人方向，如果是上整鸡、整鸭、整鱼等整形菜，则讲究"鸡不献头、鸭不献掌、鱼不献脊"，即菜品的头部一律朝向右侧，不能对准客人。

菜肴的重量要保持平衡，目前的宴会餐桌多采用玻璃转拨，为了保持重量平衡和

台面的整洁美观，在上热菜时，一般采用"一中心，二平放，三三角，四四方，五梅花"的形式，上菜后随时调整菜品的位置。

菜品摆放要兼顾冷热、荤素、口味等搭配，方便客人食用。

任务二　西式宴会服务与技巧

一、西式宴会服务流程

西餐的类型主要有法国菜、意大利菜、英国菜等不同的菜品，它们在选料、烹调方法、口味等方面都各有特色，本书前面已经有了介绍。在服务方式上，主要有法式服务、英式服务、美式服务和俄式服务。下面就以常见的西式宴会服务，讲解服务流程。

（一）宴会前的服务流程

无论是休闲餐厅还是宴会，宴会开始前都需要提前摆好台。本书前面已经讲解了主题宴会的设计，如果是宴会，则根据主题，做好相应的设计和摆台工作；如果是休闲餐厅，一般只需要简单地摆上水杯、开胃品刀、开胃品叉，折叠好口布，待客人点餐后根据客人的菜品进行再布置。

西餐餐前
检查

1. 熟悉宴会信息及检查

与中餐宴会服务一样，接待人员在客人到来之前，要全面检查服务用品、客人用品等使用状态情况。熟悉宴会的人员信息和服务要求，做到心中有数。

2. 迎宾领位

正式的西式宴会一般需要凭邀请函出席，服务人员在餐厅门口迎宾的同时查验邀请函，然后将客人引领至相应的座位。

（二）宴会中的服务流程

1. 摆放开口布，斟倒冰水

遵循女士优先的原则，无论是何种服务方式，基本在任何环节都要遵循女士优先，这是西方礼仪中的基本准则，以下就不赘述。

休闲餐厅
迎宾服务

2. 点单

点单时，站在客人右侧，将菜单双手递给客人，可先请客人过目，稍后来点单，也可给客人推荐。点菜时要和客人多交流，多用吸引客人的词语，并善于夸奖客人；注意聆听客人点菜，按顺序记录下来；可建议当日特别菜式及每周或每月的促销内容。

西餐点菜时，服务人员要熟悉菜品，询问客人的烹饪要求，如牛扒煎几成熟、沙拉配什么酱汁等。要记住熟客或 VIP 客人的饮食习惯，这样会让客人感到亲切感及被尊重；客人点单完毕后要确认客人的菜品和烹饪要求。

3. 酒水服务

西餐宴会服务中，一般都有餐前酒、佐餐酒、餐后酒，餐前酒一般为苦味或酸味，如味美思、比特酒等，有时候是以鸡尾酒代替，目的是让客人生津开胃。佐餐酒是根据主菜进行搭配的酒，也是三类酒中最重要的一种。餐后酒也称为甜食酒，用于佐餐甜品时饮用，一般是以波特酒、雪莉酒、马德拉酒等为主。

酒水的示瓶、鉴酒、醒酒、斟酒等服务技巧参照上一部分内容，此处不再赘述。在客人用餐过程中，要注意观察客人的反应和表情，及时进行服务。

4. 面包服务

西餐宴会中面包一般是餐厅免费提供。面包的种类根据餐厅的档次不同而不同。面包服务时，面包放在面包篮中，为客人提供黄油，由客人自行取用。

西餐面包
服务

5. 上菜服务

按照一般西餐的上菜顺序，即开胃菜、汤、副菜、主菜、甜品等。如采用右边上菜的法式服务，上菜服务过程中服务员要站在客人座椅右后方，伸出右脚、侧身，不能靠客人太近，上菜时将重心移至右脚，注意端盘子的手要尽量远离客人。

上菜过程中，也要注意菜品摆放。与中餐一样，西餐菜品也存在观赏面，尤其是主菜。如果按照时钟钟面来对应餐盘的位置，在距离客人最近的6点钟位置盛放肉类的主菜；在距离客人最远的12点钟位置盛放蔬菜和装饰性的配菜；在客人左手边的9点钟位置盛放淀粉类主食，如土豆、意大利面等，一般主食与其他菜品之间有一定距离。

主菜、汤等菜品上菜过程中要注意防烫，因为这些菜品的容器多是经过高温处理以保持菜品的温度。因此在上菜过程中，可以采用口布包裹等形式上菜。

在上菜服务中，也要注意菜品容器的清洁程度。遇到有多余的酱汁或装饰物异常，要及时清理干净。如上牛排等菜品配有酱汁或沙拉汁时，要将酱汁放在汁船中一同端上，并询问客人是否需要帮助淋汁。如上龙虾、蜗牛等菜品，要注意搭配相应的龙虾钳等餐具，以方便客人食用。

6. 撤盘服务

西餐采用的是分餐制，每道菜品间隔的时间大约为15分钟，待客人每道菜用餐结束后，或后续的菜品已经准备完毕后，可以询问客人是否可以撤盘。撤盘时，要注意将客人使用的刀叉等餐具一同撤下，餐盘要远离客人，防止食物残渣和餐具掉落。

撤盘后，可根据桌面的清洁程度，选用刮台器清除餐桌上的食物碎屑，保持餐桌干净。

7. 奶酪和甜品服务

西式宴会一般以奶酪或甜品来结束菜品服务，在提供奶酪服务时，服务人员将若干品种的奶酪放在大的浅底盘中用餐车或托盘送到餐桌请客人挑选。将客人所点的奶

酪当场切割装盘并摆位。在切割时要注意，不同品种的奶酪不能使用同一把刀。在服务奶酪时要跟配胡椒盅。

8. 咖啡或茶服务

客人用完甜品后，服务员应询问客人喝咖啡还是喝茶，送上糖盅和奶盅并置于餐桌中间。通常糖盅内放 2 包低糖、4 包咖啡砂糖、6 包白糖；奶盅内倒 1/2 杯量的奶，咖啡和茶量不可太多。咖啡服务时，同时要跟配咖啡勺。注意杯子的手柄一般朝向客人的右侧，以便使用。

9. 问询服务

西餐宴会中，服务人员需要询问客人对菜品和服务的满意程度，一般在上甜品时进行，一些宴会还会请厨师长到场与客人们交流。

10. 结账和送客服务

宴会即将结束时，要提前准备好账单，用收款夹整理好。西餐中，一般客人会根据服务的满意度给予相应的小费，服务人员收到小费时要及时感谢。宴会客人离开时一般是统一离开，要送别所有客人后才能进行清洁、整理等工作。尤其是不能提前将客人的酒杯、水杯撤离，水杯也要始终保持有 1/2 的水。

（三）宴会后的服务流程

宴会客人全部离开后，服务人员要及时清理布草、餐具，尤其是贵重餐具、玻璃杯等更要注意保管好。清洁完所有的桌面、地面等，为下一次宴会做好准备。

二、西式休闲餐厅服务流程

休闲餐厅与西式宴会服务最大的差别在于西式宴会一般是按照西餐菜品的顺序出菜和服务，程序比较严格，客人的用餐时间比较长，用餐前已经配好全套的餐具和杯具，酒水搭配有全套的开胃酒、佐餐酒和甜食酒，而休闲餐厅不需要这么严格的用餐程序。在服务方式上，休闲餐厅服务更显得自然随和，让客人感受轻松、自然。在摆台上，一般只需要提前准备水杯、一副刀叉以及折叠好的餐巾花，一些餐厅会摆放展示盘。下面对西式休闲餐厅的服务基本流程进行介绍。

（一）迎接客人

休闲餐厅的客人可能是临时客人，也可能已经提前预约，因此在迎宾时要注意确认是否有预订。

（二）领位服务

引领客人至空余餐位或预订位置，拉椅让座，摆放开口布，斟倒冰水。

西餐上菜服务

（三）点单服务

休闲餐厅用餐方式与宴会用餐不同，无须按照全套的菜品点单，客人可以根据自己的喜好，随意点单。酒水一般只点一种。一些餐厅的酒水可以按杯销售，客人无须整瓶购买，这样既可以提高酒水的利润率，也可以降低客人的用餐成本。

（四）餐中服务

休闲餐厅用餐过程中的上菜、斟酒等服务与宴会餐中服务的要求基本相同，在此处不赘述。

（五）餐后服务

菜品上完后，询问客人对菜品的满意度，同时询问结账方式。对客人所给的小费表示感谢（西餐服务中，客人一般会根据用餐满意度，给予服务员餐费的 10% 左右作为小费）。结账后，服务人员要提醒客人带好随身物品，并引领客人离店。

西餐撤盘及
送客服务

三、西式宴会服务技巧

（一）法式服务的特点

法国菜被誉为西餐之首，法式服务又称里兹服务 (Ritz Service)，它是西餐服务方式中最豪华、最讲究、最细致和最周密的一种服务方式。通常，法式服务用于法国餐厅。法国餐厅装饰豪华和高雅，以欧洲宫殿式为特色，餐具常采用高质量的瓷器和银器，酒具常采用水晶杯。通常采用手推车或旁桌现场为顾客提供加热和调味菜肴及切割菜肴等服务。在法式服务中，服务台的准备工作很重要。通常在营业前做好服务台的一切准备工作。

法式服务的特点主要体现在：服务周到，每位顾客都能得到充分的照顾，注重服务程序和礼节礼貌；注重服务表演，注重吸引客人的注意力，客前烹制可以烘托就餐气氛；服务的客人人数较少，所需服务空间较大，花费较大，服务节奏慢、时间长。因此，法式餐厅利用率和餐位周转率都比较低，基本不会出现翻台的情况。

法式服务所用的餐桌一般需要先铺上海绵桌垫，再铺上桌布，这样可以防止桌布与餐桌间的滑动，也可以减少餐具与餐桌之间的碰撞声，为客人提供更安静的就餐环境。法式服务所用的餐盘及餐具采用高级的瓷器或银器等。将装饰盘的中线对准餐椅的中线，装饰盘距离餐桌边缘 1~2 厘米。折叠好后放在装饰盘内，不得超出盘边缘。餐具和杯具的摆放也是十分丰富的，包括饮料杯、白葡萄酒杯、红葡萄酒杯、主餐刀叉、开胃品刀叉、鱼刀叉、黄油刀、汤匙、甜品叉等。

传统的法式服务是一种最周到的服务方式，由两名服务员共同为一桌客人服务。其中一名为经验丰富的正服务员，另一名是助理服务员，也可称为服务员助手。正服务员请顾客入座，接受顾客点菜，为顾客斟酒上饮料，在顾客面前烹制菜肴，为菜肴调味，分割菜肴，装盘，递送账单等。助理服务员协助正服务员现场烹调，把装好菜肴的餐盘送到客人面前，撤餐具和收拾餐台等。

在法式服务中，服务员在客人面前烹制菜肴，如菜肴烹制表演或切割菜肴和装盘

服务。助理服务员用右手从客人右侧端上菜点并提供服务，一般的菜点都是从右侧服务。面包、黄油碟、沙拉碟及一些特殊的盘碟必须从客人的左侧供应并提供服务。汤由助理服务员或正服务员用右手从客人右侧供应并提供服务，通常汤放在客人的展示盘上，并放上一块叠好的干净白色餐巾，这条餐巾能够使服务人员端盘时不烫手，同时避免服务员把拇指压在展示盘上。

法式服务中主菜的服务与汤的服务大致相同，正服务员将现场烹调的菜肴，分别放入每一位客人的主菜餐盘内，然后由助理服务员端给客人。如正服务员为顾客服务牛排时，助理服务员从厨房端出烹调半熟的牛肉、马铃薯及蔬菜等，由正服务员在客人面前调配佐料，把牛肉再加热烹调，然后切肉并将菜肴放在餐盘中，正服务员这时应注意客人的表示，看他要多大的牛排。同时，应该配上沙拉，服务员应当用左手从客人左侧将沙拉放在餐桌上。

（二）美式服务的特点

美式服务与法式服务相比，更加简单、快捷、高效，一名服务员可以看数张餐台。美式服务简单，速度快，餐具和人工成本都比较低，空间利用率及餐位周转率都比较高，广泛用于咖啡厅、休闲餐厅和西餐宴会厅。

休闲餐厅
摆台

美式服务的餐桌一般是2人位的正方形，或者4人位的长方形，摆台前也可以在餐桌上铺设海绵垫，然后铺桌布。桌布一般是纯色，且熨烫整齐，桌布的四周至少要下垂30~40厘米。一些咖啡厅在台布上铺上较小的方形台布，重新摆台时，只要更换小型的台布，可以减少大台布的洗涤次数。同时，也起到装饰餐台的作用。

美式服务摆台可不摆放展示盘，而是将餐巾花直接放在餐桌上。餐巾花的中线对准餐椅的中线，餐巾的底部离餐桌的边缘1厘米，两把餐叉摆在餐巾的左侧，叉尖朝上，叉柄的底部与餐巾对齐。在餐巾的右侧，从餐巾向外，依次摆放餐刀、黄油刀、两个茶匙。刀刃向左，刀尖向上，刀柄的底部朝下，与餐巾平行。水杯和酒杯放在餐刀的上方，距刀尖1厘米，杯口朝下，一般情况下，每桌客人共用一个胡椒瓶、盐瓶、糖盅。

在美式服务中，菜肴由厨师在厨房中提前烹制好，装好盘，服务人员只需用托盘将菜肴从厨房送到客人面前。为了保持菜肴的最佳口感，热菜要盖上盖子，并且在顾客面前打开盘盖。传统的美式服务，上菜时服务员在客人左侧，用左手从客人左边送上菜肴，从客人右侧撤掉用过的餐具，从顾客的右侧斟倒酒水。目前，许多餐厅的美式上菜服务采用右手从客人右侧顺时针进行。

（三）俄式服务的特点

俄式服务的餐桌摆台与法式的餐桌摆台几乎相同，但是它的服务方法不同于法式。俄式服务讲究优美文雅的风度，将装有整齐和美观菜肴的大浅盘端给所有顾客过目，让顾客欣赏厨师的装饰和烹饪技术的同时也刺激了顾客的食欲。

俄式服务，每一个餐桌只需要一个服务员，服务的方式简单快速，服务时不需要较大的空间。因此，它的效率和餐厅空间的利用率都比较高。由于俄式服务使用了大量的银器，并且服务员将菜肴分给每一个顾客，使每一位顾客都能得到尊重和较周到的服务，因此增添了餐厅的文化气氛。由于俄式服务是从大浅盘里分菜，因此，可以将剩余的菜肴送回厨房，从而减少浪费。俄式服务的银器投资很大，如果使用和保管不当会影响餐厅的经济效益。因此尤其需要注意餐具的清洗、保养工作。

服务员先用右手从客人右侧送上相应的空盘，包括开胃菜盘、主菜盘、甜菜盘等。需要注意冷菜使用冷盘，即未加热的餐盘；热菜上热盘，即加过温的餐盘，以便保持食物的温度。上空盘服务时依照顺时针方向操作。

俄式服务的菜肴在厨房全部制熟，每桌菜肴放在一个精致的大浅盘中，服务员将装好菜肴的大银盘用肩上托的方式送到顾客餐桌旁，热菜需要盖上盖子，站立于客人餐桌旁，以方便客人们观赏。

服务员用左手以胸前托盘的方式，用右手操作服务叉和服务匙，从客人的左侧分菜，分菜时以逆时针方向进行。在斟酒、斟倒饮料和撤盘时，服务人员是站在客人右侧进行。

在服务汤时，服务员按顺时针方向从客人右侧用右手将餐盘逐一放在客人面前，然后回到服务台，用左手端起盛汤的大银盘，用右手从客人左侧提供服务。

四、西餐菜肴和酒水搭配

西餐服务过程中对于菜肴和酒水的搭配是比较重视的，尤其是葡萄酒在西餐中扮演着重要角色，菜肴和酒水搭配对于提升用餐满意度有着重要的促进作用。

葡萄酒侍酒
及开瓶服务

西餐服务人员首先要熟悉不同国家、不同葡萄酒的特点，尤其是法国、意大利、德国、智利、新西兰等葡萄酒大国以及赤霞珠、梅乐、西拉子、长相思等主要葡萄酒品种。只有具备丰富的葡萄酒知识，才能结合菜肴为客人进行酒水的推荐和服务。

通常西餐酒水搭配讲究"红酒配红肉，白酒配白肉"，即红葡萄酒与红色的肉类食物搭配，如牛肉、猪肉、鸭肉等；白葡萄酒与白色的肉类食物搭配，如鸡、鱼、壳类海产等。菜肴味道越浓烈，所搭配的葡萄酒也应越浓烈。通常调味汁中带有醋的沙拉是不能与葡萄酒搭配的，同样，带有咖喱和巧克力的甜品也不适合与葡萄酒搭配。因为带醋的调味汁与葡萄酒相抵触，会产生很不柔和的味道；咖喱的辣味会抹杀酒的细腻口感；巧克力很甜并带有特殊的味道，任何酒的味道都会被巧克力的味道覆盖。甜型葡萄酒会使食欲减退，所以不应在餐前饮用，而要在餐后与甜品一起饮用。香槟酒几乎可以和任何食物搭配，并可在整个进餐过程中饮用。单宁较高的红葡萄酒适合搭配牛排、猪扒等粗纤维食物，单宁含量低的红葡萄酒适合搭配细纤维的肉类食物。

葡萄酒与西餐菜肴的搭配规律如下。

蔬菜类的菜肴可以搭配清爽的干白葡萄酒;带壳类的海鲜可以搭配干型的雷司令白葡萄酒、淡红葡萄酒;鸡肉等可以搭配干白葡萄酒;牛排、鹿肉等搭配单宁含量较高的红葡萄酒。东南亚菜式可以搭配甜白葡萄酒。高档菜肴搭配高档酒水。

任务三 酒会服务与技巧

酒会是建立在鸡尾酒文化上的一种自由、轻松的用餐交流形式,主要供应酒水饮料,并搭配精致的小吃、热食、糕点等。在我国,酒会这种宴会形式还处于一个逐渐兴起的阶段,在东部沿海地区比较常见,尤其是在公司年会、答谢会等。下面我们就来了解一下酒会的服务特点、流程、原则、技巧等。

一、酒会的服务特点

(一)酒会重在交流,形式自由

酒会与其他形式的宴会相比,最大的特点就是形式比较自由,更注重客人们的相互交流。尽管鸡尾酒会和冷餐酒会等在请帖上会约定固定的时间,但实际上,客人可以自行决定到场的时间,陆陆续续地加入到酒会。此外,参加酒会不必像中西式宴会那样穿着正式,只要做到端庄大方、干净整洁即可。酒会上没有固定的席位和座次,用餐者一般站立,因此酒会具有较强的流动性,客人之间可自由组合,随意交谈。

(二)酒会的定制性和个性化服务较强

由于形式自由,场地开放,酒会可符合现代社会各种场合的需求,以轻松热闹且多变的方式来开展活动。酒会服务可根据客人的主题活动来安排,如年会、庆祝活动、生日 Party、告别、会议等主题,可以是正式场合,也可以是轻松聚会,或加入个人特色,或安排表演。大到场地布置、灯光桌椅,小到酒会菜单、鲜花蜡烛都可依客人喜好及酒会主题进行定制服务,满足不同客人的需求。

(三)丰富的菜品和酒水供应

一般来说,酒会现场会安排一个临时吧台来提供酒水服务,服务员会事先将吧台架设好,并准备各式与基酒和调酒相关的饮料及器具,如鸡尾酒、啤酒、果汁、可乐、苏打汽水、红酒、白酒、矿泉水、咖啡等。除了饮料,餐食的供应也是遵循"丰富、精致"的原则。现场会有专业厨师进行"堂做菜",热食、冷餐、糕点、拼盘的种类都会很丰富,绝不会让客人饿着肚子交流。

(四)酒会场地布置灵活

酒会属于宴会形式的一种,讲究场地布置,现场会摆设一些小型圆桌,供客人摆放杯子、餐盘或取用桌上佐餐物时用。酒会现场较为宽敞，客人可四处走动，充分享受社交活动。一些酒会还会专门开辟出表演或演讲的区域。

二、酒会服务流程

（一）酒会前的服务

1. 熟悉酒会的信息

根据预订部门的沟通结果，将酒会的时间、来宾人数、VIP客人、菜品要求、场地要求、是否有演讲等信息通过班前例会等形式传达给各服务人员，以确保所有人员知晓酒会的信息。

2. 酒会场地的布置

根据客人的要求，提前布置好场地。由于酒会的流动性，要科学合理地设置交流区、餐台区、堂做区、演讲区等区域，留足服务人员的服务空间和行走路线，避免酒会场地布置不合理而造成的拥挤、堵塞等情况。餐台的布置要方便客人选取食品。在布置场地时，要根据酒会的主题选用合适颜色和材质的桌布、气球、鲜花、水果等装饰物，尤其是餐台上更是需要采用果蔬雕、泡沫雕等形式烘托酒会的氛围。

3. 酒会物品的准备

酒会的菜肴、点心、酒水等要提前与客人确认好，食材要保证新鲜，酒水要提前做好冰镇等相关准备工作，以确保客人用餐期间处于最佳状态。由于酒会开始初期客人会集中来临，因此要提前准备好大量的酒水，不断地递给客人，以保证每个客人手中都有一杯，否则会造成客人集中排队等候，影响酒会的效果。此外，酒会上需要准备大量的餐盘、酒杯、刀叉等餐具。堂做菜以及鸡尾酒区域要准备好食材和酒水原料，以保证能为客人提供快捷的服务。

4. 迎宾服务

酒会开始前，服务人员到指定位置恭候客人。一些酒会采用邀请制，客人来临时，出示邀请函后方可进入酒会。酒会一般无须领位服务，但是要注意统计参会的人数，为后期客人结账做准备。

（二）酒会中的服务

酒会进行时，客人手上的饮料用于交流是不可或缺的，若有一方空手或空杯将会很失礼。特别是当主人祝酒时，酒水服务员要及时托送酒水，保证人手一杯。负责托送酒水的服务员，用托盘托送斟好酒水的杯子，自始至终在客人中巡回，由客人自己选择托盘上的酒水或另外点订鸡尾酒。若是碰巧托盘上没有符合客人要求的饮料时，先接受客人点酒，回吧台准备，再送到客人手中。有些客人会直接到吧台来点取饮料，此时由服务员现场服务。如果可以点鸡尾酒，可在吧台直接向调酒服务员点要，现场调制。酒水服务员行走时如遇人多、拥挤，确实不能通过，应礼貌地对客人说"打扰

一下"，待客人让开时再通过。

（1）酒会上的空酒杯要有专人负责回收，以保持桌面清洁，不能边给客人上酒边收空杯，那样很不卫生。但有时客人会把刚用过的酒杯主动放在服务员的托盘上而另换一杯，遇到这种情况，也不必制止客人，以免造成误会或反感。

（2）及时准备第二轮酒杯。在酒会刚开始时，在所有客人都有饮料之后，负责酒水准备的吧台的压力会稍减轻些，酒水服务人员此时要抓紧准备第二轮酒水所需要的杯具，在最短时间内将空杯准备好。一般客人在第一杯酒水拿走15~20分钟后，会需要第二杯酒水，服务人员需提前将不同的酒水饮料倒入酒杯，整齐排放在吧台上，便可充分服务客人了。提供绕场服务的人员要及时将客人手上的空杯收走，以便送洗，也方便客人续杯。

（3）酒会高潮的服务。酒会中一般会有致辞、答谢、演讲等环节，这时都需要人手一杯酒水，服务人员要提前知晓大概的时间，在这些时段要尽快供应酒水，满足客人的要求。

（4）冰激凌服务。在酒会的最后，一般有冰激凌提供，这时要集中力量供应冰激凌，可留少数服务员继续托酒水。冰激凌必须在酒会结束前10分钟上齐。

（5）及时做好场地清洁服务。由于客人是时刻流动的，不可避免会产生洒酒等现象，服务人员要及时观察现场，如果地面有污渍，要及时清理，并小声提醒周边客人。

（6）做好小吃供应服务。酒会开始后，陆续上各种菜和点心，随时撤回空盘，保持桌面清洁。小吃服务员最好跟在上酒水的服务员后面，以便客人取食。如提供需要去壳、吐骨等食物，要配好纸巾、洗手盅等物品。

（7）做好堂做菜服务。堂做菜一般提供的是高档食材，食材数量一般不多，以精致、快捷、美味为标准。堂做菜服务人员要保持工作环境的干净、整洁，同时提前做好堂做菜的准备工作。堂做菜包装尽量以纸袋、竹签等形式，以减少餐具的清洗。

（三）酒会后的服务

（1）酒水清点。酒会结束前要对所销售的酒水进行清点，计算实际使用量，在结束前完成清点工作，方便客人结账。

（2）欢送客人。酒会的客人是陆陆续续来，也是陆陆续续地走，并不是统一离店。因此，服务人员要提前在门口等待，礼貌地欢送客人，提醒客人带好随身物品，欢迎客人再次光临。

（3）场地清洁。待所有客人离店后，服务人员要做好所有区域的拆除、清洁、整理工作，将酒会布置恢复到之前的状态。

任务四　自助餐会服务与技巧

　　自助餐已经成为一种常见的用餐形式。不论是酒店还是社会餐饮，自助餐为客人提供了自行挑选、拿取、烹饪的形式，这种就餐形式不拘礼节，挑选性强，按人数收费，打破了传统的就餐形式，迎合了客人的心理，被越来越多的客人接受。尤其是在星级酒店的早餐、团队用餐、会议用餐等都是以自助餐的形式进行。

一、自助餐的特点

（一）菜肴品种丰富，选择余地大

　　例如，星级酒店的自助早餐一般有 50 种以上的菜品。一些海鲜自助餐的菜品数量更多，能够满足不同客人的饮食需求。

（二）时间灵活

　　在自助餐开餐期间，客人随到随吃，无须等候。一般早餐的时间在 3 个小时左右，晚餐的开餐时间在 5 个小时左右。一些餐厅会将客人自助餐的用餐时间限制在 2~3 小时。

（三）用餐价格较为便宜

　　因为菜肴提前准备好，无须服务人员现场加工，客人自行选取食物，所以需要的厨师、服务员少，降低了工资成本。自助餐的价格是按照每人计费，一些餐厅的酒水是单独计费，一些餐厅提供免费的酒水。

（四）客人自我服务

　　这是自助餐最大的特点，客人自取原料，自行烹饪。

二、自助餐厅布置要求

（一）根据餐厅装修风格及菜品特征布置

　　例如，水晶宫似的海鲜自助餐厅、富有浪漫色彩的野味自助餐厅、反映本地风土人情的民俗自助餐厅以及具有乡土气息的田园自助餐厅等。

（二）根据不同的节日及活动主题布置

　　如圣诞节、情人节、元旦、春节等，应根据节日的色彩标示和形象标志物进行餐厅布置，将其作为餐饮促销的大好时机，并将主题作为指导思想，体现在餐厅装潢、背景布置、餐台装饰和食品展示等方面。此外，各种展览会、订货会和其他商业活动都给餐饮业提供了机会。这一类型的自助餐还可以由公司赞助，用他们产品的标志作

为突出主题的装饰。此外还可以安排演出、时装表演等。

（三）选择合适的餐具和设备

餐具和陈列的容器也可以别出花样，除常用的瓷器、玻璃器皿外，还可用竹器、木器、大贝壳等能起点缀作用的容器。在灯光上，选择暖色调的光线能够让食物更加诱人。一般用聚光灯和强烈的灯光使食品能够清楚展示，自助餐台是餐厅内的焦点，应明亮显眼。

三、自助餐台布置及菜肴摆放

（一）餐台摆放空间充足

为了保障客人能够迅速地取餐，防止客人拥挤，一般都有分散的食品陈列餐台，分为酒水区、糕点区、海鲜区、刺身区、烧烤区等区域。每个餐台的空间足够大，可以使用展示架等物品使菜肴摆放具有层次感。餐台与餐台之间至少要留有1~2米的空间，以便客人行走。

（二）餐台环境布置要有特色

自助餐取餐区域可以根据场地情况，配合实用雕刻、模型、装饰物等营造氛围，突出主题。尤其是在餐台上方空间，可以采用打造"空中花园"的形式填补空白，增强立体感。

（三）菜肴摆放要兼具美观实用

沙拉、开胃品、熏鱼和其他冷菜食品一般是厨师精心美化的主要对象，摆放在取餐区域的中心位置或显眼位置。左右菜品用标签在显要位置标明，以方便客人选择。热蔬菜、烤炙肉以及其他热的主菜，通常用暖锅保温，整齐摆放。与菜肴搭配的汤汁、调料和装饰物应与其摆放在一起，如千岛酱、沙拉汁等。甜食和水果等可以单独设台，也可以用分格子大盘装盛。

在实际运营过程中，为降低成本，对各类菜肴的摆放位置也有讲究，如将成本较低的热的主菜以及精美的糕点放在引人注目的地方。这样客人就会因为盘中放满了这些菜而少用价格更昂贵的菜品。每一样菜肴大小要适中，方便客人多次取食。

四、自助餐服务的程序

（一）自助餐餐前服务

就餐区按西餐零点餐摆台规格进行餐桌摆台，即只摆放一套刀叉和水杯，一些自助餐厅将水杯也省略了。将各类餐具、器皿清洗擦拭干净，整齐摆放在消毒柜或专用餐具柜中，方便客人选取。备足开餐时所需的调味品餐具等。装饰、布置好食品陈列台。

自助餐厅入口处必须要有专人负责迎客和记账，一些酒店是刷房卡，如是散客用餐，需要请客人现场买单或出示相关购买证明。

（二）自助餐餐间服务

自助餐服务人员的主要工作是餐具回收、菜品补充等。遇行动不便的客人时，应征求意见，由服务人员为其取餐。巡视服务区域，随时提供服务，如添加酒水、撤去空盘、空瓶等。服务人员及时整理食品陈列台，以保持台面清洁卫生，并及时补充陈列食品和饮料，这在推销低成本菜肴时更为重要。还要经常检查食品温度，保证热菜要烫，冷菜要凉。

高级的自助餐厅常在客人取餐前就把开胃品和汤送到客人的桌上。饮料、面包和黄油也由服务员送到餐桌上，服务的规格和正餐一样。

（三）自助餐服务技巧

不设座位的自助餐需要将餐具、面包、黄油、甜点和饮料摆放在自助餐台上，客人用的盘子在最前端，餐具、口布、面包、黄油在最后端。开胃品、饮料和甜点可以分别在几处设台，以加快服务速度，避免拥挤。

对保温用的暖锅和电热炉要留心照看，经常检查添加燃料。如采用固体酒精或蜡烛加热，要注意消防安全，尽量采用电加热的形式，以避免意外。此外，需要保持冷却的食材也要检查冰块是否充足。

自助餐台旁边可以配备厨师或服务人员来照看餐台，向客人介绍、推荐和分送菜肴，还可以分切大块的烤肉，帮助挖冰激凌球等。服务人员要随时整理餐台，保持餐厅的干净、美观，及时更换和添加菜盘；回答客人问题，及时向客人提供帮助。

一个陈列盘里当低于三分之一或已空时，应及时补充或换上一盘满的，否则会让客人感觉食物不丰盛。

自助餐要随时保持足够数量的冷热菜盘以及其他各种服务用具、餐盘、杯子和口布等。

如果客人选择自取自烹的火锅式自助餐，服务员要负责为客人准备火锅，开火并告诉客人一些特殊食品的烤法，并提供各种调料，随时加汤和斟酒。

大块牛排和整只鸡鸭的切割分派是一项技术工作，带有表演性质，服务员或厨师在操作时要注意食物的分量、形状和装盘方式等。

在餐厅发生意外，如当客人打翻盘子时，服务员要迅速帮助处理，将打翻在桌上的食品立即收到空盘内，除去污迹，再盖上清洁的餐巾。如有打翻在地上或地毯上的食物，要立即通知有关人员清洗，在此之前，可以在旁边放置提示牌，以免其他客人踩踏。

自助餐厅管理人员应时常检查现场的服务运转情况，协调厨房与餐厅的工作，及时处理各种突发事故，使自助餐顺利进行。

【项目小结】

本项目主要讲解了中式宴会服务、西式宴会服务、酒会、自助餐宴会服务的流程和技巧，让同学们能够针对不同的宴会进行服务。

【项目练习】

1. 分小组策划一个鸡尾酒冷餐会的方案，并制作一些酒会的鸡尾酒产品。

2. 根据全国职业院校技能大赛规程进行中餐宴会服务训练。

3. 根据全国职业院校技能大赛规程进行休闲餐厅服务训练。

项目六

宴会方案策划与营销

• 掌握不同类型的宴会方案策划原则。

• 熟悉大数据时代的市场营销策略和方法。

≫ 知识点

宴会策划方案设计；宴会企业的营销管理；大数据时代的营销趋势。

【案例导入】

月饼销售"白热化" 酒店企业积极自救谋"出圈"

老字号月饼、国潮文创月饼、亲子手工月饼、现制现卖月饼……随着中秋佳节日渐临近，各酒店的月饼销售战逐渐进入"白热化"。靠利润率较高的月饼为今年受疫情影响的业绩"扳回一局"，成为各酒店努力的重点。

数据显示，中国月饼销售额从 2015 年的 131.8 亿元增长至 2020 年的 205.2 亿元，预计 2021 年中国月饼销售规模将达 218.1 亿元。那么，今年中秋，酒店企业是怎样通过"卖月饼"积极自救的？酒店行业的月饼在口味和选材上有什么特点？销售有什么新变化？记者进行了采访。

随着中秋节日益临近，月饼预订进入高峰。飞猪平台数据显示，近一周，酒店月饼相关商品的搜索量环比增长超 150%。记者发现，与以往一样，今年各酒店的月饼依然在颜值和口味方面进行着比拼。

"守正"成为各酒店企业保证其优势产品销量的不二法门。比如，多年来，半岛酒店集团的迷你奶黄月饼一直是爆款。今年，半岛酒店集团依然坚持"传统"，继续推出由米其林星级名厨打造的奶黄月饼，此外，还加了咖啡月饼等创新口味。四季酒店集团推出的月饼礼盒，除了传统单黄白莲蓉口味，还有时下流行的橘皮红豆月饼与酒酿桂花月饼。广州白天鹅宾馆的月饼营销一直备受同行关注，今年，白天鹅宾馆推

出的依然是大受好评的迷你月饼，有莲蓉蛋黄和椰蓉两种口味。

（资料来源：中国旅游报，2021-09-16.）

任务一　宴会活动方案策划

一、宴会活动方案策划原则

宴会活动方案策划是指从受理预订、计划组织、执行准备、全面检查、宴前接待、开宴服务、结账送客到整理结束的全过程设计，重点是人员分工、日程安排、菜单设计、服务设计、环境设计等。本书前面已经对宴会的菜单、环境设计、服务设计等做了详细的讲解，下面从整体的角度进行完善和融合。无论是商务类、政务类，还是家庭类宴会，在活动方案策划上要注意以下原则。

（一）顾客至上，充分满足顾客需求

宴会活动策划方案人员要时刻以为顾客提供周到满意的服务为准则，通过沟通充分了解顾客的需求，准确掌握其中的核心要素，这样才能在活动方案中有的放矢，利用酒店自身的资源和服务，满足顾客的隐性和显性需求。

（二）合理安排，充分调动员工积极性

优质的服务要靠员工提供，宴会方案要考虑到酒店员工的数量、水平，合理分工。同时，要考虑到企业的硬件条件，如宴会厅的面积、厨房的面积及功能、停车场数量等。其中最重要的还是人的因素，要合理安排员工的工作任务和劳动强度，让员工有充足的休息；在薪酬体系上，也要合理用好激励制度，让员工快乐、高效地工作。

（三）合规合法，坚决不违反强制要求

无论是宴会策划还是其他经营活动，都要始终坚持合规合法，不违背国家法律法规和公序良俗，积极响应政府的各项号召。餐饮行业相关法律规定有《中华人民共和国食品安全法》《中华人民共和国食品安全法实施条例》《餐饮服务食品安全监督管理办法》《餐饮服务许可管理办法》等，各地政府的法规性文件也是餐饮企业应该遵循的底线。例如，2020年新修订的《中华人民共和国野生动物保护法》明确增加对餐饮场所的规定，禁止网络交易平台、商品交易市场、餐饮场所等为违法出售、购买、食用及利用野生动物及其制品或者禁止使用的猎捕工具提供展示、交易、消费服务。以前能够食用的一些食材，如熊掌、果子狸就要从菜单中剔除出去，这是所有餐饮企业要严格遵守的。

（四）不断营利，为企业创造价值

酒店作为营利性的经济性组织，目的是实现利润最大化，在设计宴会策划方案时，要认真考虑方案实施的成本和经济效益，确保在满足顾客需求的基础上，企业有合理的利润。利润是企业永续经营的基础，如果宴会没有足够的利润，企业就无法生存和发展，反过来也不能为消费者提供更长久的服务。

二、宴会策划方案的程序

（一）分析顾客需求

最好的方案不是最贵的，一定是最满足顾客需求的，正如在沙漠迷路的人最需要的是水和食物，此时他们不在乎就餐环境，不在乎使用何种餐具。宴会服务方案需要满足客人的现实需求和潜在需求，设计人员一般可以从人员因素、地理因素、心理因素、行为因素等方面进行分析。

人员因素主要按照年龄、性别、家庭规模、收入、职业、教育、宗教等分成不同的组。不同年龄的消费者对消费的舒适、价格、安全等都有着不同的要求，年龄往往是影响购买行为的主要因素。不同年龄阶段的消费者，他们的需求选择也不同。例如，一对年轻的新人举行订婚宴热衷于经济、美观，而不是低调；老年人身体状况不是很好，行动不便，也不愿意过于喧闹的场景，餐饮口味喜清淡且食物易于消化等。家庭收入是人员因素的重要指标。人们在餐饮上花多少钱一般取决于他们挣多少钱，一对收入不高的年轻夫妇需要承担较多生活必需开支，如房租、日用消费品、交通费等，很少花大笔钱去办宴会，吃豪华大餐。一般来说，家庭收入越高，宴会的标准也就越高。职业是影响人的生活方式的最重要变量之一，因为职业是一种标签式的身份象征。在这种情况下，按照职业划分消费者类型就比较容易预测其消费需求。典型的职业分类主要包括专业人员、经理、经营者、教师、销售人员、退休人员、学生、家庭主妇等。职业特征会使消费者的心理和消费行为有较大的不同，如公务员一般都比较稳重、谨慎，宴会设计以低调、经济为主；而个体户经营者、企业高管等一般都追求豪华、高调。

地理因素是分析顾客需求的重要因素之一。赴宴客人来自世界各地，在分析地理因素时，国家、地区、城市、乡村、气候、地形、地貌等最容易辨别与分析，并且非常稳定。因此，不同地理位置的消费者由于受不同的经济发展水平、生活习惯、气候、文化等影响，对宴会的需求与偏好有不同的特点。例如，川渝地区的客人在用餐前后的等待休息时间偏好棋牌活动，江浙一带客人在用酒需求上偏好葡萄酒等。

心理因素包括价值观、态度、生活方式、兴趣、活动、个性等。心理因素不同，购买动机和方式也有所不同。消费者的心理是多种多样的，在进行宴会消费时，有的顾客追求新颖，有的追求奇特，有的对菜品质量要求极高，有的则只求物美价廉，林

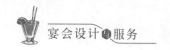

林总总，千变万化。由于消费者心理需求具有无限性、多样性、时代性、可诱导性等特性，因此显现在酒店面前的消费者心理变化往往比较复杂。根据消费者心理因素分析顾客需求时，必须深入细致地调查研究，切实掌握消费者不同的心理特征及其变化趋势。

消费者行为直接导致消费的最终实施与否，更能反映消费者的需求差异，行为因素主要包括消费目的、偏好程度等。按照消费目的分析，宴会主要分为商务宴会、政务宴会、家庭类宴会等。这些不同类型的宴会客人目的不同，需求也不同。如商务宴会客人对宴会品质有较高要求，能够接受高端菜品和服务，而家庭类宴会更注重性价比和温馨的用餐体验，政务类宴会需要遵循更多的法规和行为准则，有些政务宴会还有一定的保密要求。

偏好程度是指消费者对某些品牌的喜爱程度。一些消费者是完全忠诚的，他们在任何时候都购买同一品牌商品；一些消费者有一定的忠诚度，他们对少量品牌保持忠诚，但有时受到利益的驱使，也会放弃这种忠诚；一些消费者完全不忠诚，他们每次购买时喜欢购买一些正在降价的商品。就宴会市场而言，政务类和商务类宴会的客人一般有较高的忠诚度，因为他们的宴会需求频率高，经常组织或者出席各种宴会，在组织宴会过程中期望能够用较少的时间取得圆满的结果，这部分客人对价格不太敏感，如果他们认同了某个品牌，会在相当长的时间内选择这个品牌。而家庭类宴会客人宴会需求频率低，如果因为某件事情需要举办宴会，会花费较多的时间去选择酒店或餐饮企业，去对比不同的价格、菜品、环境等，尤其是对价格的敏感程度较大。

（二）根据企业自身情况设计策划方案

在分析了客人的需求之后，要为客人提供具有可行性、充分满足顾客需求的宴会策划方案。这个方案有可能是纸质的，也可以是采用多媒体视频、动画展示。方案要结合酒店自身的软硬件条件设计，包括宴会厅的面积、厨师的数量、服务人员的服务水平等。如果脱离了企业自身的实际情况盲目设计方案，可能引起顾客的投诉，如酒店的宴会厅面积原本只能容纳30桌客人，强行安排40桌，可能导致过道狭窄、现场拥挤、出菜速度慢、服务质量下降等情况。当然为了更好地实现酒店的盈利，在某些时候，管理人员也要有"解决困难"的思路和自信，如面积不够大，是否可以考虑将通道和隔壁的宴会厅都利用起来，同时提高预制菜的比例，以接待更多的客人。

（三）反馈完善策划方案

策划方案设计完毕后，要征求餐饮企业内部各部门意见和建议，以免造成策划方案不切实际而影响后期的落实，在得到各部门的认可之后再交由客户确认，听取顾客的建议。客户的反馈对于方案的完善尤为重要，宴会策划人员要高度重视，将反馈意见积极吸收到新的方案中来，如果遇到实在无法实现的意见和建议，要向顾客耐心解释，以求得顾客的谅解。在这个阶段，也可以进行产品的推荐，提升宴会的品质，同时提高宴会的利润率。

（四）宴会策划方案的内容

宴会策划方案一般包含了宴会基本情况、客情分析、装饰设计、菜单设计、人员分工等部分。

宴会基本情况是简要介绍宴会的时间、规模、主题和地点等。

宴会客情分析是对参加宴会人员的情况进行简要分析，通过分析得出他们对宴会的需求，也是做好宴会方案的重要基础。比如对于老年人较多的宴会，要充分考虑到他们行动不便的特征，要留足宽敞的通道，同时在菜品上要考虑到他们的健康饮食需求，尽量采用软糯的菜品。对于高端的商务宴会，要重视在环境布置、菜品档次以及服务等方面突出高品质，比如使用定制的餐具和酒具，专门设计宴会主题装饰物等。作为宴会方案策划人员要学会对不同类型的客人进行分析，挖掘他们的潜在需求。

装饰设计主要是指宴会外围的环境、餐具酒具、台型布置以及主题设计，这些共同形成了整个宴会的氛围，是在经过客情分析基础上进行的设计，本书对于这些设计也有详细的介绍，在此不赘述。

菜单设计也是宴会策划方案的重要内容，也是客人十分关心的部分，体现了整个策划方案的灵魂。要根据不同的宴会类型、用餐对象、预算标准结合酒店自身情况设计菜单。

任务二　宴会营销管理

一、宴会营销管理内涵

正所谓"酒香也怕巷子深"。尤其是在自媒体发达的时代，宴会营销人员更要熟悉大数据背景下的营销理论和技巧，能够根据不同的对象制定有针对性的营销策略。在这个营销为王的时代，无论是酒店还是社会餐饮，都不能忽视了宴会的营销策划与实施。在现代市场经济条件下，餐饮企业必须十分重视营销管理，根据市场需求的现状与趋势制订计划、配置资源，有的放矢地进行营销设计和推广。

从市场营销学的角度来看，餐饮的营销管理是为了实现企业目标，创造、建立和保持与目标市场之间的互利交换和关系，而对设计方案进行的分析、计划、执行和控制，目的就是为促进企业目标的实现而调节需求的水平、时机和性质。营销管理的实质是需求管理。餐饮企业在开展市场营销的过程中，一般要设定一个在目标市场上预期要实现的交易水平，实际需求水平可能低于、等于或高于这个预期的需求水平。换言之，在目标市场上，可能没有需求、需求很小或超量需求。营销管理就是要面对这些不同

的需求情况。

表面上看，企业利益与客人利益是对立的，企业要从客人的兜里把钱赚回来，营销是两者利益的协调者。餐饮营销是对餐厅一整套营销活动跟踪的结果以及客人要求的变化，及时调整餐厅整体经营活动，努力满足客人需要，获得客人信赖，实现餐饮经营目标，从而达到消费者利益与餐厅利益的一致。无论是社会餐饮还是酒店餐饮，营销人员在开展营销活动前要掌握以下三个基本原则。

（一）始终满足顾客的需求

满足顾客需要是营销工作的落脚点，也是我们所有服务工作的出发点，作为服务人员，要多沟通，了解客人的显性需求和潜在需求，让客人消费得开心、顺心、放心。其中，发现和挖掘顾客潜在的隐性需求尤为重要。

（二）营销的背后是管理活动

营销活动不仅是营销部门的事情，也不仅仅是宣传和打广告，营销活动是根据企业的发展战略、企业宗旨、价值观等开展的活动，是需要前厅、餐饮、客房等一线部门以及财务、后勤等二线部门的全力配合，通过计划、组织、指挥、协调、控制等一系列管理活动，最终实现精准营销的活动。

（三）营销的最终目的是获取利润

企业是一种为了获取利润最大化的经济性组织，作为这种经济性组织，所有的活动都是为了盈利。在营销工作过程中，一方面，要注重节约营销成本，不可铺张浪费；另一方面，要考虑营销的效果，不能把钱花了，但是营业额和利润没有提升。

二、宴会营销管理的功能和目的

（一）及时发现和了解顾客的需求

现代市场营销观念强调市场营销应以顾客为中心，餐饮企业只有通过满足顾客的需求才可能实现企业的目标。因此，发现和了解顾客的需求是餐饮营销管理的首要功能。这些需求有些是客人已经明确提出的，比如时间、菜品、费用等；有些需求客人没有明确提出，是需要服务人员进行挖掘的隐性需求，比如老年客人较多的宴会，要在菜品上保证软糯，方便他们食用，留足宽阔的通道，方便他们行走等。

（二）指导餐饮企业进行决策

餐饮企业决策正确与否是其成败的关键，企业要谋得生存和发展，就要重视做好经营决策。餐饮企业通过市场营销活动，分析外部环境的动向，了解顾客的需求和欲望，了解竞争者的现状和发展趋势，结合自身的资源条件，指导企业在产品、定价、促销和服务等方面做出相应的、科学的决策。

（三）提高盈利能力扩大市场

企业的目的是利润最大化，营销管理活动的另一个功能就是通过对顾客现实需求和潜在需求的调查、了解与分析，充分把握和捕捉市场机会，积极开发产品，建立更多的分销渠道及采用更多的促销形式，开拓市场，增加销量，从而提高企业的获利能力。

三、宴会营销管理的主要内容

1953 年，尼尔·博登在美国市场营销学会的就职演说中创造了"市场营销组合"（Marketingmix）这一术语，其意是指市场需求或多或少地在某种程度上受到所谓"营销变量"或"营销要素"的影响。1960 年，麦卡锡教授在其《基础营销》一书中将这些要素一般地概括为四类，即产品（Product）、价格（Price）、渠道（Place）、促销（Promotion）。这就是最初的营销理论中的"4P 理论"。进入 20 世纪 80 年代，市场营销学在理论研究的深度上和学科体系的完善上得到了极大的发展，市场营销学的概念有了新的突破。1980 年，市场营销学家考夫曼在《饭店营销学》一书中，将营销的组合因素概括为"6P"，即人（People）、产品（Product）、价格（Price）、促销（Promotion）、包装（Package）和运作（Performance）。餐饮营销管理的主要内容就是以目标市场为中心，通过综合运用这六个因素，达到企业的营销目标，并获得最佳效益。下面我们就根据"6P 理论"介绍市场营销的内容。

（1）人。这里的"人"主要指客人，即需求市场。餐厅的任务是通过市场调研确定目标市场消费者，然后详尽地了解他们的需求和愿望，即了解服务对象。餐饮营销活动，特别要注意"人"的作用。无论是餐厅经营者还是服务员，都是在与人打交道，而"人"的需要是千变万化的。就菜单和酒单而言，无论品种多么丰富，都没有办法满足不同类型客人的各种需求，只能尽最大努力去满足大部分客人的需求。

（2）产品。餐饮产品的营销组合中，最重要的就是要把"人"和"产品"结合起来。把生产和创新作为日常的工作任务，不断满足客人的需要。在产品创新方面，要时时刻刻注意地方特色、服务特色和餐饮消费风尚，使新产品层出不穷，不断有新的创意出现。需要注意的是，产品不仅指餐饮企业所提供的有形的产品，还包括无形的服务。企业应根据客人的需要，提供所需要的产品和服务，因为这是消费者进行购买的根本原因，也是消费者需求的中心内容。

（3）价格。一方面，要适应客人的消费需求；另一方面，也要满足餐饮企业对利润的要求。因此在定价时，除了考虑客人的承受能力外，还要考虑企业的成本。例如，顾客对于价格的敏感性提高，合理的定价显得尤为重要，"薄利多销"也逐渐成为宴会企业的重要手段。

（4）促销。促销的任务是使客人深信本企业的产品就是他们所需要的产品，并促使他们前来消费。比如，全员推销就是餐饮促销的一个有效方法。在进行餐厅服务时，服务员通过了解客人需求，适时推荐产品，强调所推荐菜肴、酒水的品种和质量。

（5）包装。餐饮企业的"包装"与一般商品的包装不同。餐饮企业的包装是指把

产品和服务结合起来，在客人心目中形成独特形象。餐饮企业的"包装"包括外观、外景、内部装修布置、维修保养、清洁卫生、服务员的态度和仪表、广告和促销印刷品的设计等。

（6）运作。运作是指餐饮产品的传递，以及使客人重复购买和大量购买餐饮产品的方法，有人把它解释为绩效。确切地说，这应该是餐饮服务的运作或者餐饮营销的运作，即通过多种方式将餐饮产品信息传递给客人，使他们能够不断地购买餐饮企业的产品。

四、营销观念的发展历史及趋势

企业的市场营销活动总是在一定的营销观念指导下开展的，餐饮经营的效果受制于经营者所持有的营销观念。这种理念的核心是"以什么为中心开展企业的营销活动"。总体而言，营销观念的演变经历了生产导向观念、产品导向观念、销售导向观念、顾客导向观念和社会营销导向观念等几个不同的阶段，它们分别适应不同的历史阶段。目前也兴起了绿色营销理念、文化营销理念、情感营销理念和大数据营销理念等。

了解餐饮营销观念及其演变，可促使餐饮经营者更新观念，发现和摒弃头脑中旧的、与经营背景不相适应的观念，并建立起适应当代餐饮经营的顾客导向和社会导向观念。同时，通过正确处理餐饮企业与餐饮消费者以及餐饮企业与社会利益之间的关系，加强市场营销管理，使餐饮市场走上健康和可持续发展的轨道。

（一）生产导向观念

生产导向观念的内容是"餐厅能提供什么就销售什么"，这是一种最古老的市场营销观念。这种观念形成的背景是产品供不应求，消费者的消费需求在数量上不能得到满足，市场是"卖方市场"，因此他们的主要兴趣是产品的有无，购买者间会形成竞争。对企业而言，生产的产品没有销售的障碍，它们只关心是否能大量生产出产品，而不用关心顾客是否需要。

这一营销观念指导下的企业的经营行为，就是想方设法扩大生产能力，大量组织生产。为降低生产成本，获得更大的利润，企业通常会减少产品的品种，增大同种产品的生产规模，取得规模效益。所以，这一时期的企业供应品种非常单调，服务项目单一。随着经济的发展和企业竞争的加剧，适用于这种观念的场景已经逐渐消亡，只存在于少量的垄断市场。

（二）产品导向观念

餐饮企业营销者认为"顾客喜欢良好的菜品、设施和服务，因此餐饮企业要做的工作就是提供上述东西"。随着社会生产规模的扩大，餐饮产品的供给数量增加，供求关系得到一定程度的缓和，消费者对餐饮产品的选择要求逐渐增强。他们不再仅仅追求数量的满足，而开始以质量和价格作为选择产品的基础。在这一背景下，企业的经营理念也随之发生变化，产生了产品导向观念。

持这种营销观念的经营者，会致力于为顾客提供所谓物美价廉的餐饮产品，如注重菜品、服务、设施、环境等方面的改进和提高等。但由于他们没有意识到消费者的需求正在发生着变化，没有去关心消费者的需求和愿望，因此很容易导致"营销近视症"，即餐饮企业迷恋于自己的产品，却看不到市场消费需求的变化，只注重菜品、服务、设施、环境等方面的改进和提高，忽视对顾客需求的研究，缺乏产品的销售推广。事实上，实践很快就证明了，并非物美价廉的产品都是畅销品。

（三）销售导向观念

销售导向观念认为："餐厅一方面要创新菜品，增加设施，改进服务；另一方面还需加强推销。"这一市场营销观念产生的直接背景，是生产规模的继续扩大，市场上的餐饮产品供给数量进一步增加，餐饮企业间的竞争日趋激烈，原本较为顺畅的销售环节出现了较大的障碍。实践中，餐饮企业感到仅有物美价廉已经不足以实现销售，必须狠抓推销才能卖出更多的餐饮产品。此时，餐饮企业担心的已不再是如何大量生产，而是如何销售。此时，有关推销的各种研究应运而生，餐饮企业也很注重推销队伍的建设，工作中非常强调推销。

这一阶段，虽然经营者们已经认识到产品的销售有困难，必须在经营中予以重视，但是，餐饮产品出现销售困难的原因，却被认为是有太多竞争者的存在，还没有意识到真正的原因来自顾客需求的变化。因此，餐饮企业的一切营销活动，包括打折，赠送或其他促销活动，都只是把产品推销出去了事，而对产品是否满足顾客需求漠不关心，甚至采取不正当的手段侵害消费者利益。所以，销售导向观念的弊端，是没有把顾客需求放在第一位，推销工作只是从自身利益出发，难以形成长期的竞争优势和知名品牌。

（四）顾客导向观念

顾客导向观念即市场营销导向观念，产生于 20 世纪 50 年代，它的出现是企业市场营销上的一场变革。第二次世界大战结束后，市场经济的飞速发展，使消费品市场的产品数量激增。随着技术的不断创新，新的消费产品也不断涌现出来。消费品供给呈现出数量丰盈、花色繁多的景象。另外，由于资本主义国家开始实行高物价、高工资、高消费政策，居民可支配收入增加，闲暇时间越来越多，消费的多样化趋势也日益显现，消费者对产品的需求也愈加苛刻。在来自消费者和竞争者的双重压力下，企业开始意识到，只有识别消费者需求并满足他们的需求，企业才能够顺利生存和发展。这时，全社会开始以顾客导向观念作为其主流市场营销观念。

顾客导向观念在餐饮企业经营中表现为以下内容：满足顾客需求是餐饮企业一切工作的核心，企业不是考虑什么可供销售，而是考虑顾客需要什么。"顾客第一"是这一观念的直接体现。顾客导向观念在一些企业已得到了充分理解，它们的理念性口号已不再是"顾客第一"这种抽象表述，而演绎为更有实际指导意义的语句。

（五）社会营销导向观念

社会营销导向观念是 20 世纪 70 年代以后形成的营销观念。由于社会生产的进一步发展，以及消费需求的进一步多样化，企业市场营销中常出现社会资源浪费和引起环境污染的现象发生，损害了社会利益。企业在满足消费者需要的同时，也出现了大量损害消费者利益的事件。比如，消费者喜好野味，餐饮企业为满足这种需求，追逐企业利润，不惜大量捕猎国家保护的野生动物，破坏生态环境，损害了消费者对环境方面的要求，使消费者的长远利益受到侵害；又如，为满足消费者日益增长的数量要求，餐饮企业大量采用人工种植和养殖的农副产品原料，有些原料存在过量的有害物残留，直接损害了消费者的利益。因此，20 世纪 70 年代以后，在世界范围内兴起了此起彼伏的消费者权益保护和环境保护运动。在这种背景下，企业迫于压力，不得不对自己的经营行为进行调整，在营销观念上就形成了新的认识，产生了社会营销导向观念。

社会营销导向观念的内容是，企业的经营行为应寻求企业利益、顾客利益和社会利益的和谐统一。餐饮企业应生产和经营那些既是消费者需要，又是自身擅长的餐饮产品，同时注意把消费者需要、社会利益和企业专长密切结合起来。这是现代餐饮企业可持续发展的正确指导思想。餐饮企业发起的不销售野生动物的联合签名行动，积极参与绿色餐饮企业认证，都是这一营销观念的具体体现。社会营销导向观念是顾客导向观念的进一步延伸，它们都是适应现代餐饮经营的正确营销观念。

（六）绿色营销理念

绿色营销是以"可持续发展"为出发点，力求满足消费者的绿色需求，实现企业、消费者、环境的有机统一，和谐发展。企业生产经营活动的各个阶段减少或避免环境污染，在市场营销过程中注重生态环境保护。

随着全球环境问题的日益严重和绿色运动的蓬勃兴起，市场营销如何适应人类社会可持续发展的需求已成为当务之急。绿色营销正是从保护环境、反对污染、充分利用资源的角度出发，通过研制产品、充分利用自然资源、变废为宝等措施，满足客人的绿色需求，实现酒店的营销目标。绿色营销作为可持续发展战略的有效途径，无疑成为现代企业营销的必然选择。餐饮企业实施绿色营销，应坚持做到：第一，控制材料费用支出，保护地球资源；第二，确保产品使用的安全、卫生和便捷，有利于人们的身心健康和生活品质提升；第三，引导绿色消费，培养人们的绿色意识，优化人们的生存环境。2020 年国内的"禁塑令"要求餐饮企业外卖和堂食的打包服务禁止使用不可降解塑料袋，各地餐饮企业纷纷响应。

（七）文化营销

根据文化营销的理念，物质资源会枯竭，唯有文化才能生生不息。文化是土壤，产品是种子，营销就如同是在土壤里播种、耕耘，培育出品牌的幼苗。例如，粽子，从商品的角度上，仅仅是一种食物，满足人的食欲，但是小小的粽子体现了我国源远流长的传统文化，是传统文化的传承，更是体现了一种情怀。

文化营销是指把商品作为文化的载体，通过市场交换进入消费者的意识，它在一定程度上反映了消费者对物质和精神追求的各种文化要素。21世纪是文化营销的时代，市场竞争的加剧和消费者需求的变化使文化营销具有广阔的发展前景。相关研究表明，消费者的需求将向文化型消费转变。每一个体的消费心理都体现了对文化的需求，这种消费心理决定了21世纪的营销重点是如何满足人们的文化心理需求，即餐饮企业应该以何种文化作为营销手段去开拓市场。

文化营销是指企业充分运用文化力量实现酒店战略目标的市场营销活动。在营销过程中主动进行文化渗透，提高文化含量，以文化作媒介与客人及社会公众构建全新的利益共同体关系。文化营销应从企业硬件及其环境的文化装饰、产品包装、员工的文化培训、服务文化塑造以及管理制度等方面入手。从酒店的硬件环境建设来看，它包括饭店的实体形象、建设风格、建筑装潢、规模、设施设备、产品、用品以及内部空间环境等酒店文化的设计与凸显。例如，一些餐饮企业将宴会厅打造成古色古香的清代皇家宫殿楼阁，服务人员穿着传统清代服饰服务，让客人有了耳目一新的用餐体验。

五、餐饮企业营销管理过程

餐饮企业是在复杂、不断变化着的市场环境中从事营销活动的。为了有效地适应市场环境的变化，充分利用营销机会，餐饮企业必须要有良好的市场营销管理程序。餐饮企业营销管理过程，就是识别、分析、选择与发掘市场营销机会，以实现餐饮企业的任务和目标，达到企业与最佳市场机会相适应的过程。这一过程包括分析营销环境、选择目标市场、确定市场营销组合以及管理市场营销活动等步骤。

（一）营销环境分析

企业营销管理过程的第一步是对企业营销环境进行分析。餐饮营销环境包括宏观环境和微观环境。宏观环境是指对餐饮企业产生较大影响的因素，包括政治、经济、文化、人口、法律、技术等因素。比如，黄金周制度就对餐饮企业产生了不同的影响，热点地区的餐饮企业黄金周期间人满为患，造成过度需求，而其他地区的餐饮企业则生意冷淡，出现需求不足。2020年，新冠疫情造成全国餐饮企业断崖式下滑，许多餐饮企业长期处于停滞状态，这些都是大环境造成的影响。微观环境指直接影响餐饮企业经营、管理和服务的因素，包括餐饮企业产品的供应商、销售渠道、顾客、竞争、社会公众以及餐饮企业自身的文化、资源和组织等。

（二）选择餐饮企业目标市场

在发现餐饮营销机会和明确餐饮企业应向市场提供的产品和服务之后，餐饮企业应进一步了解顾客的需求和愿望以及其所在的地区，了解他们的购买方式和行为等，然后分析市场规模和结构，选定最适合餐饮企业发展的目标市场。选择目标市场须做

好预测市场需求、细分市场、选择目标市场、市场定位等必要工作。经营者一定要避免陷入"我的目标市场就是所有人"的思想观念，如高端餐饮企业如果开发价格低廉的餐饮产品，甚至"大排档"，会损害他们在原有高端客户心目中的品牌形象，最后得不偿失。

（三）确定餐饮营销组合

市场营销组合就是为了满足目标市场的需求，餐饮企业对自己可以控制的市场营销因素进行优化组合，以完成餐饮企业经营目标，包括产品、价格、销售渠道和促销等。餐饮企业必须在准确地分析、判断所处的特定市场营销环境、企业资源及目标市场需求特点的基础上，才能制定出最佳的营销组合策略。所以，最佳市场营销组合的作用，绝不是产品、价格、销售渠道和促销等营销因素的简单数字相加，而是使它产生一种整体协同的作用，成为餐饮营销战略。

（四）管理餐饮营销活动

餐饮营销管理的最后一个程序是对市场营销活动的管理。对餐饮营销活动来说，主要需要四个管理系统的支持，即餐饮营销信息系统、餐饮营销计划系统、餐饮营销组织系统和餐饮营销控制系统。

六、餐饮企业全员营销的保障措施

（一）营造餐饮企业内部营销的环境氛围

餐饮企业应借助于内部营销手段帮助员工建立起营销理念与正确的价值观。通过内部营销，让"客人至上"的观念真正深入到员工的心里，从而使员工更好地履行自己的职责。此外，各级管理人员还应身体力行，做出示范，为员工正确理解和实施内部营销做出表率。通过建立客观、简洁、恰当的评估体系和标准，全面衡量员工的工作业绩和贡献大小，让员工在评估和奖励中知道什么是对的，什么是应该发扬的，共同实现餐饮企业的营销策略，树立餐饮企业的形象，建立餐饮企业的文化，使每个员工都树立起集体主义观念和团队精神，共同协作，具有服务人人的理念。

（二）建立倒金字塔组织管理模式

组织机制为营销管理提供了制度保障。内部营销的基本出发点是把员工当作内部客人，在内部形成客人市场，像链条一样把各层级市场连接起来，呈现"客人→一线员工→中层管理人员→企业高管"的组织管理形态。在餐饮企业内部，一线员工就是中层主管人员的客人，中层主管人员就是高管的客人，以此类推，领导层成为最后一层，他们以全体员工为客人，实际上是把金字塔倒置过来。这样，外部市场竞争内部化，外部客人的需求就可以快速地、畅通地贯通于餐饮企业各个层级，从而实现餐饮企业对外部需求的快速反应。

（三）制定有效的员工激励制度

首先，充分授权。餐饮企业应在提供广泛内部培训的基础上，对有经验、训练有素的员工充分授权。一方面，可以保证工作的顺利进行；另一方面，也可以使员工感到餐饮企业对自己的信任，有助于员工责任感、忠诚度的形成。

其次，提供信息。餐饮企业取得高绩效工作的核心因素，就是餐饮企业内部员工对信息的分享程度，即员工对餐饮企业的信息分享。管理者的职责就是尽可能让员工充分了解和掌握信息，让员工了解组织内部发生的事，提高员工的应变能力和对自己工作重要性的认识。

再次，加强培训。对员工进行培训，提高其业务素质和能力，可增强员工顺利完成工作的信心。

最后，尊重员工，让员工感受到信任。制定有利于内部营销的激励措施，把物质奖励与精神奖励结合起来，通过满足员工的需求调动其积极性。

七、餐饮企业内部营销管理的实施

内部营销的主要目标是通过餐厅为前来就餐的客人提供优质的服务，并使其成为餐饮企业的忠实消费者，为企业做义务宣传。

餐饮企业内部营销管理主要包括以下6种方法。

（一）菜单营销

一份菜单，不仅仅告诉客人餐厅提供何种菜品和酒水，价格如何，而且还是重要的营销工具。菜单营销主要从菜单设计营销、特色菜营销、主要品营销等。

1. 菜单设计营销

菜单是餐厅和客人之间沟通的桥梁和纽带。一份包装精美、内容齐备的菜单应该包括餐厅的名称和标识、餐厅的特色风味等信息。

2. 特色菜营销

从餐厅经营的角度出发，有两类产品应该得到特殊营销：一类是能够使餐厅扬名的菜品；一类是希望多销售的菜品。特色菜品的营销主要有两大作用：对畅销菜、名牌菜做宣传；对高利润但不太畅销的菜做推荐，使它们成为既畅销、利润又高的菜。

特色菜品常有以下4类。

（1）特殊菜品。特殊的菜品指畅销或利润高的菜。这种特殊菜品可以是经常服务的某种菜品，也可以是时令菜。

（2）特殊套餐。推荐一些特殊套餐能提高销售额，增强营销效果。

（3）每日时菜。有的菜单上留出空间来上每日的特色菜和时令菜，以增加菜单的新鲜感。

（4）特色烹调菜。特色烹调菜指餐厅以独特的烹调方法来营销的一些特殊菜。菜

单上重点推销的菜可对字体、色彩、位置，以及文字、图片等作特殊处理。

3. 主要品营销

主菜应该尽量列在醒目的位置。菜单的编排要注意目光集中点的营销效应，要将重点营销的菜品列在醒目之处。菜品在菜单上的位置对营销有很大影响，要使营销效果显著必须要遵循两大原则：最早和最晚原则。列在第一项和最后一项的菜品最能吸引人们注意，并能在人们头脑中留下深刻的印象。因此，应将利润最大的菜品放在客人第一眼和最后一眼注意的地方。

（二）环境营销

现代社会的消费者，在进行消费时往往带有许多感性的成分，容易受到环境氛围的影响。餐厅的环境营销包括硬件环境的营销和软件环境的营销。硬件环境的营销包括外部环境营销和内部环境营销。餐厅外部环境包括餐厅的位置、建筑设计风格、周围环境等；内部环境包括餐厅布局、餐厅色彩、环境营造等，许多餐饮企业在营造氛围上下了很大的功夫，力图营造出各具特色的、引人入胜的情调，或新奇别致，或温馨浪漫，或清静高雅，或热闹刺激，或富丽堂皇，或小巧玲珑，通过内部环境的创新来吸引客人。

餐厅的软件环境营销体现为员工的服务质量。餐厅的每一个员工都是营销员，他们的外表、工作态度都是对餐饮产品的无形营销；餐饮服务员穿着制服，可以给人清洁、统一和标准化的感觉，也便于客人辨认；良好的个人卫生习惯和清新整洁的外表，能感染客人使其乐意接受服务。高品质的服务能使客人的心情舒畅，乐于消费并经常光顾；低品质的服务会使客人产生不满或投诉，甚至不再光顾。

（三）服务营销

高端餐厅服务人员的主要任务是与客人进行沟通，负责为客人点菜。在长期的交往中，还能够对客人的喜好、禁忌有深入的了解，从而有针对性地为客人服务。

为客人点餐的服务营销主要包括以下 6 项内容。

1. 主动问候

服务员的主动问候，对吸引客人具有很大意义。比如，有的客人走进餐厅，正在考虑是否选择此餐厅就餐时，如果有一个面带笑容的服务员主动上前问候"欢迎光临"，同时引客人入座，客人即使对餐厅环境不十分满意也不会离开。

2. 询问倾听

服务员根据推断，采取有针对性的询问，并仔细倾听客人相互间的对话、语气，形成有效判断。观察客人的肢体语言、穿着、谈吐，判断客人的身份、消费能力、消费习惯、用餐重点、用餐时间长短等信息。

3. 营销介绍

作为餐厅服务人员，应对餐厅所经营的食物和服务内容了如指掌，如食物用料、烹饪方法、口味特点、营养成分、菜肴历史典故、各种菜肴及酒水的价位、菜肴的制作方式及营养价值、餐厅的营业时间、餐厅的历史背景等，以便向客人及时介绍，或当客人询问时能够做出令人满意的答复。服务员在推销自己的食物和服务之前，要了解市场和客人的心理需求，并对客人的风俗习惯、生活忌讳、口味喜好有所了解，以便有针对性地推荐一些满足客人心理需求的产品和服务。

根据判断，有针对性地向不同用餐目的的客人介绍菜肴酒水。如是请客用餐，则可较全面地介绍各类菜肴；如是慕名而来，则应重点介绍餐厅经营的特色风味菜肴；如是家庭用餐，可推荐一些价格实惠且味道可口的大众菜肴；对经常来餐厅用餐的常客，应介绍当天的特色菜或者套餐，使客人有一种新鲜感；对带着孩子来的客人，可推荐孩子喜欢的菜肴。在推销介绍菜肴的同时，可以有针对性地向客人推销酒水。应依照"红肉配红酒，白肉配白酒"的原则。如在西餐厅，当客人点海鲜类菜肴时，可介绍一两种白葡萄酒供其选择；当客人点甜品时，可询问是否要白兰地或其他利口酒类；在中餐厅，可以针对客人的不同国籍提供相应品种的酒水。

4. 提出建议

通过对菜肴酒水的介绍，观察了解客人可能对哪些菜肴酒水比较感兴趣，此时餐厅服务员可以提出建议，鼓励客人品尝，此方法对犹豫不决的客人尤为有效。在营销饮料等产品时，注意不要以"是"与"否"的问句提问，不要问："先生，您要饮料吗？"这种问句的答复往往是要或不要。如果问："先生，您需要什么饮料？"在客人不知道餐饮店供应什么酒水时，有时也会丧失销售机会。如果问："先生，我们有椰汁、芒果汁、可口可乐，您需要哪一种饮料？"这时，客人的反应一般是选择一种饮料，而不是考虑要与不要。

5. 仔细询问

客人点好菜之后，询问客人，是否在菜肴加工过程中有特殊要求。

6. 复述内容

最后复述客人所点的菜肴酒水，等客人确认后，完成服务，防止客人所点菜肴有遗漏。席间服务的过程中，根据客人的就餐情况，可以适当地进行菜肴营销等活动。在客人就餐时，服务员要注意观察客人有什么需要，并主动上前服务。如在客人宴请时，服务员要注意将酒瓶中最后一杯酒斟在主人的杯里，接着顺便问主人是不是再来一瓶；服务员要注意在客人的咖啡杯、酒杯空了以后，应立即上前询问客人是否再来一杯。在宴会、团体用餐、会议用餐的服务过程中，服务员只要看到客人杯子空了，就应马上斟酒，在用餐过程中往往会有多次饮酒高潮，从而大大增加酒水的销售量。

（四）展示营销

食品的展示是一种有效的营销形式，实物展示往往胜于文字描绘。这种方法是利用视觉效应，激起客人的购买欲望，吸引客人追加点菜。展示营销主要有以下4种形式。

1. 原料展示营销

陈列原料要强调"鲜""活"，使客人信服本餐厅使用的原料都是新鲜的。一些餐厅在门口用水缸养一些鲜鱼活虾，任凭客人挑选，厨师按客人的要求加工烹调。由于客人目睹原料的鲜活，容易对产品质量产生信任。原料展示还要注意视觉上的舒适性，否则就会适得其反。

2. 成品陈列营销

一些餐厅将烹调得十分美观的菜肴展示在陈列柜里，客人通过对产品的直接观察，很快便完成点菜任务。但并不是所有的菜肴都可以做成品陈列。许多菜肴烹调后经过放置会失去新鲜的颜色，这样的陈列会起到相反的作用。甜点、色拉陈列在玻璃冷柜中，营销效果较好。餐厅中陈列一些名酒也会增加酒水的销售机会。

3. 推车服务营销

许多餐厅让服务员推着装有菜肴、点心的推车巡回于座位之间向客人营销。这种推车服务方式既可方便客人，又可增加餐厅收入。有时客人虽已点了足够的菜，但看到车上诱人的菜品，会产生再来一盘的购买行为。车上的许多菜不一定是客人非买不可的菜品，而是属于冲动性购买决策商品。客人若看不见这些菜品，不一定会有购买动机，但看到后便可能产生购买动机和行为。因而这种营销方式是增加餐厅额外收入的有效措施。

4. 现场烹调展示营销

在客人面前表演烹调，会使客人产生兴趣，引起客人想品尝的欲望。现场烹调能减少食品烹调后的放置时间，客人当场品尝味道更加鲜美。现场烹调还能利用烹调过程中散发出的香味和声音来刺激客人的食欲。一些餐厅还让客人选择配料，按客人的意愿进行现场烹调，这样能够满足客人不同口味的需要。

进行现场烹调时，注意要选择食品原料外观新鲜漂亮的菜品，烹调时无难闻气味，烹调速度快而且简单的菜品，如煮、烧烤类的菜品容易现场烹调。另外，烹调的器具一定要清洁光亮。

（五）赠品营销

餐饮业常采用赠送礼品的方式来达到营销的目的，企业要选择可以获得最大效益的赠品营销方式。

1. 餐饮企业赠品的种类

（1）商业赠品。餐饮营销人员为鼓励 VIP 客人经常光顾，赠送商业礼品给客人。

（2）个人礼品。为鼓励客人光顾餐厅，在就餐时间可免费向客人赠送礼品，在生日和节日之际可向老人和常客赠送庆祝礼品或纪念卡。

（3）广告性赠品。广告性赠品主要起到宣传餐厅、提高餐厅知名度的作用。管理人员要选择价格便宜，可大量分送的物品作为赠品。赠品上要印上餐厅的营销性介绍。

比如，给客人分发一次性使用的打火机、火柴、菜单、购物提包等。广告性赠品对过路的行人和惠顾餐厅的客人均可赠送。

（4）奖励性赠品。广告性赠品主要是为了让公众和潜在客人进一步了解餐厅，奖励性赠品的主要目的则是刺激客人在餐厅中多购买菜品和再次光临。这种赠品是有选择地赠送，如根据客人光顾餐厅的次数、在餐厅中消费额的多少，分别赠送赠品，有的根据抽奖结果给幸运者赠送赠品。值得注意的是，餐饮企业要选择价值较高的物品作为奖励性赠品。

2. 餐饮企业赠品的要求

（1）要符合不同年龄段客人的心理需要。为使赠品达到最佳效果，有必要针对不同赠送对象选择不同的赠品。例如，餐厅祝贺新婚夫妇可赠送有情调的礼物，对小孩生日或儿童节，可以赠送玩具类赠品。

（2）质量要符合餐厅的形象。一家高级餐厅绝不能送低档次的赠品，与其大量赠送低价的赠品，不如用同等价钱买少量的精致商品作为赠品。赠品是沟通餐厅与客人关系的重要渠道，餐饮营销员要注意赠送符合餐厅形象的独特赠品来招徕客人。

（3）赠送礼品要附上卡片。赠品一定要附卡片，以表示对赠送对象的尊重。尽量不要使用印刷文字，最好附上经理亲笔写的文字贺词或致谢词，这样的卡片更能将餐厅的诚意传送到客人心里。

（4）包装要精致。包装漂亮能提高人们对商品价值的评价。赠品的包装一定要精致、漂亮、独特，对一些有创意的赠品，还要考虑其包装物的再度利用。例如，用酒瓶做花瓶，用手帕包巧克力等。

（5）赠送气氛要热烈。为达到赠品最佳的效果，餐饮工作者要将赠品作为一项重要的营销活动加以周密的计划，赠送时要尽可能营造热烈的气氛。例如，颁发抽奖奖品时，与其在收银台领取，不如在大众"恭喜中奖"的掌声、笑声中颁发。这样赠品就能增加客人的幸运感，并有感染其他客人的作用。

（六）特殊活动营销

餐厅为了搞活经营，活跃就餐气氛，增加餐厅和食品的吸引力以招徕客人，经常举办各种类型的特殊活动，这是营销的有效方法之一。

1. 特殊活动营销的时机

（1）节日特殊营销活动。节日是人们愿意庆祝和娱乐的时间，是餐饮工作人员举办特殊营销活动的大好时机。在节日里进行餐饮营销，需要将餐厅装饰起来，烘托节日的气氛。一年的各种节日中，如元旦、春节、端午节、中秋节、国庆节等都可以举办各种活动。

（2）淡季时段营销活动。餐厅为增加淡季时段的客源和提高座位周转率，可在这段时间举办各种营销活动。如有不少餐厅在淡季时段对部分酒水饮料进行"买一送

一""指定酒水免费"等营销活动，并举办各种演出等。

（3）季节性营销活动。餐厅可以在不同的季节进行多种营销活动，根据客人在不同季节中的就餐习惯和在不同季节上市的新鲜原料来计划。最常见的季节性营销是时令菜的营销。同时，许多餐厅根据人们在不同季节气候条件下产生的不同就餐偏好和习惯，在酷热的夏天推出清凉菜，在严寒的冬天推出火锅系列等。

2. 特殊营销活动的类型

特殊营销活动的类型要多样化，要吸引人。常见的有以下 4 种。

（1）演出型。为娱乐客人，餐厅往往聘请专业文艺团体和演员来演出，演出的内容有多种，如卡拉 OK、爵士音乐、轻音乐、钢琴演奏、民族歌舞等。

（2）艺术型。餐厅中进行书法表演、国画展览、古董陈列等也能吸引客人。

（3）娱乐型。为活跃餐饮气氛并吸引客人，餐厅常举办一些娱乐活动，如猜谜、抽奖、游戏等。有的餐厅甚至还配备儿童游乐设备等。

（4）实惠型。餐厅利用客人追求实惠的心理进行折价营销，赠送免费礼品等活动。例如，某餐厅在情人节的当日，对光顾餐厅的情侣赠送巧克力或玫瑰。恰当的礼物能够让客人感到惊喜。

八、餐饮企业外部营销管理的实施

餐饮企业外部营销，是相对于餐厅内部营销而言的，即营销的地点可能在店外任何场所，营销的对象更加广泛。外部营销的方法主要包括以下 5 种。

（一）电话营销

电话不仅是一种通信工具，而且还是一种重要的营销工具。不同营销方式，如登门拜访、广告等，都要通过电话营销这一形式来实现。许多餐厅都设有专门的订餐员，负责接听电话，记录客人订餐的有关信息。

电话营销包括餐饮营销人员打电话给客人进行营销以及营销人员接到客人来电进行营销两种。电话营销与派人登门拜访相比，费用小、费时少。因此，作为餐饮经营管理人员要积极利用电话进行营销。电话营销的流程包括以下 15 种。

（1）了解并熟悉餐厅新产品、新服务及优势，制订电话销售计划。

（2）了解客人的具体信息和背景，如姓名、性别、职务及兴趣爱好等。

（3）电话营销前应先调整好自己的状态，保持良好的工作情绪。

（4）电话营销时应先主动向对方问好并作自我介绍。

（5）以接电话的人可能会感兴趣的事为突破点来引起对方的谈话兴趣。

（6）认真倾听，注意对方的反应，并有意识地提问，了解客人的需求。

（7）根据客人需求，用简明的词语介绍餐厅的新产品及优势。

（8）运用各种营销技巧促使客人预订，或安排时间与客人面谈。

（9）对客人表示感谢后，礼貌地结束电话营销。

（10）接听客人咨询时应在电话铃响三声内接听电话并做好笔录，详细记录咨询的主要内容等。

（11）咨询时应抓住客人咨询的主要内容，详尽解答客人的各种问题并主动营销。

（12）主动营销时应注意客人心理变化，灵活运用各种营销技巧。

（13）如客人有意预订，应立即敲定并确认。

（14）确认客人的话已经说完，感谢客人并待客人放下电话后再挂断电话，切忌催促客人结束通话。

（15）整理电话营销记录，将资料归档并适时跟进，加强联系。

（二）登门拜访

登门拜访是指餐饮营销人员通过向客人展示或用语言表达等方式来传递产品的信息，引导客人光顾餐厅，购买和消费本餐厅产品和服务的过程。

登门拜访与其他形式的营销相比，具有以下 6 点优势：营销员可以给客人留下较好的印象；可以直接接触客人，认真观察客人；可以加深客人对餐厅餐饮产品与服务的印象；有机会纠正客人对本餐厅菜品和服务的偏见，改善其印象；可以随时回答客人的提问；可以从客人那里获得明确的许诺和预订。

登门拜访营销也有本身的缺点：成本费用较高、覆盖面较小。

餐饮营销人员登门拜访主要适用于宴会和其他大型活动及会议等。另外，对于新开业的餐厅，也可进行人员登门拜访。很多大、中型餐厅设专门的营销人员，从事餐饮活动的营销工作，他们对餐饮业比较精通，职责明确，营销效果也比较好。

登门拜访一般采用以下 7 个步骤。

1. 收集信息，寻找机会

营销人员要通过新闻媒体、网络、行业协会等各种途径收集公司资料并选择目标客人，分析列出重点及普通客人名单；餐饮营销人员要建立各种资料信息簿，建立餐饮客人档案，了解当地的活动开展情况，寻找营销的机会。特别是一些大公司和外商机构的庆祝活动、开幕式、周年纪念等，都是极好的营销机会。

2. 计划准备

在上门营销或与潜在客人接触前，营销人员应做好营销访问准备工作，确定本次访问的对象，要达到的目的，列出访问大纲，备齐营销用的各种资料，如菜单、宣传小册子、照片和图片等。

3. 礼貌拜访

访问一定要守时，营销拜访时要注意仪容仪表，要求穿着职业装，端庄整洁、大方得体。与客人见面时应先递上自己的名片并问候对方，然后说明拜访目的并递上事先准备好给对方的宣传材料，尽量使自己的谈话吸引对方。

4. 洽谈业务

与客人洽谈时要保持良好的精神状态，热情谦和。着重介绍本餐厅餐饮产品和服务的特点，针对所掌握的对方的需求来介绍，引起客人的兴趣，突出本餐厅所能给予客人的增值服务，还要设法让对方多谈想法，从而了解客人的真正需求，再证明自己的菜品和服务最能适应客人的要求。在介绍餐饮产品和服务时，还要借助各种资料、图片以及餐厅或宴会厅的场地布置图等。

5. 处理异议和投诉

碰到客人提出异议时，餐饮营销人员要保持自信，设法让客人明确说出怀疑的理由，再根据实际情况做好解释。对客人提出的投诉和不满，首先应表示同意，然后请求对方给予改进的机会，千万不要为赢得一次争论而得罪客人。

6. 商定交易，跟踪营销

要善于掌握时机，商定交易，签订预订单。这时要使用一些技巧，如给予额外优惠等，争取订单。一旦签订订单，还要进一步保持联系，采取跟踪措施，逐步确认预订。即使不能最终成交，也应通过分析原因总结经验，保持继续向对方进行营销的机会，便于以后的合作。

7. 做好记录

每一次与客人洽谈完毕后，都应做好洽谈工作情形报告，并填写"业务报告表"，其内容包括：日期、公司名称、洽谈人姓名、地点、内容、其他重要事项、餐饮企业销售代表签名等；对拜访过的公司，第二天应主动联系以表示感谢；新签约客人资料要完整地转交给部门文员建立客人资料档案。

（三）广告营销

餐饮广告有多种形式，包括商场广告、自媒体广告、电视广告、广播广告、户外招牌广告以及标语和传单等。餐饮广告的目的就是向公众或特定市场中的潜在客人宣传其餐饮产品和服务，吸引客人到餐厅用餐，在生产者、经营者和消费者之间起沟通作用。常见的广告营销形式有以下 5 种。

1. 商场广告

随着各种餐厅进驻商场，商场广告也越来越各具特色。商场内部引流广告主要有巨型吊旗、刀旗、围栏广告等。一般是针对入驻商场内的餐饮品牌，品牌知名度大小不限，对逛商场的顾客有非常强的引导作用。

2. 杂志广告

杂志广告近年来也很流行，尤其是行业性杂志更为突出，甚至连一些有名的学术性期刊也刊登大量的广告。杂志广告具有针对性强、资料性强以及印刷质量高等特点，但出版的周期较长，成本也较高。

能够用来做餐饮广告的杂志一般都是行业性杂志，如《烹饪艺术家》《餐饮经理人》《美酒与美食》《中国大厨》《餐饮世界》等。其目的并不单是给客人看，而是由阅读这些杂志的从业人员、科研人员、教师以及学生通过口碑对餐厅进行宣传，树立餐厅形象，培养潜在客人。

3. 电视广告

电视广告的优点是宣传范围广泛，表现手段和形式丰富，宣传的影响和作用巨大，便于重复宣传，直观性强和声誉高等。缺点是广告费用高，缺乏选择性，播放的时间较短，比较容易被忘记。

4. 交通广告

交通广告是指设在飞机、火车、轮船、汽车等交通工具上的广告。这些广告内容一般有餐饮企业的名称、地址、电话、服务项目以及交通可及性等。这类广告可引起客人的兴趣，其广告效果比较显著。

5. 户外广告

户外广告是指在交通路线、商业中心、机场、车站等行人和车辆较多的地方设立路边广告牌、标志牌进行餐饮营销。户外广告的优点是信息传播面广、费用较低、持续时间长、可选择宣传地点等。

常见的户外广告有以下 4 种。

（1）广告牌。设在行人较多的马路边上、交通工具经过的道路两旁或主要商业中心和闹市区。

（2）空中广告。空中广告指利用空中飞行物进行的空中广告宣传，目前我国较为少见。

（3）餐厅招牌。餐饮企业建筑物外部的指示牌。

（4）橱窗广告。餐厅外部橱窗张贴的或电子显示屏投放的广告海报等。

（四）网络营销

在互联网快速发展的时代，网络营销已经成为绝大多数餐饮企业广泛采用的一种手段。许多餐饮机构都有自己的网站，在网上宣传推销自己的产品。知名连锁餐饮企业，更是可以在一个网页上看到该企业下辖的所有门店。网上订餐、网上团购、微博营销、微信营销、旅游销售类 App 等，已经是网络时代快速发展起来的新的营销手段。相比于传统营销，网络营销具有如下特点。

1. 双向沟通，增值服务

通过网络快捷方便的沟通，能够与客人进行双向信息沟通，提供增值服务。充分利用各种体验营销方式在网络上进行品牌传播，不但可以大范围地传播餐饮消费者所喜好的体验，吸引目标消费者，达到产品销售的目的，更能通过给予消费者人性化、

感性化的体验，与餐饮消费者建立一条特殊的情感纽带与沟通渠道。具体来说，可以借助网络订餐、点餐进行评价，将网络塑造成餐饮企业民意的监测器。通过网络平台，可以在第一时间发现网上用户对企业的评价，同时可以进行客情关系管理，回应客人的需求，及时消除客人的不满情绪并树立企业的正面形象。例如，某位客人在微信朋友圈抱怨餐厅的自助餐羊肉太肥、牛仔骨不够嫩等，餐厅经理几分钟后即进行回复，表示关切，立即了解情况并进行改进，承诺客人下次再来消费时，可以获得优惠折扣，该客人便很有可能消除不满情绪甚至成为回头客。

2. 网络营销，效果鲜明

餐饮企业可以借助互联网与其他热门网站、App等进行链接，建立内容共享的伙伴关系，在更多的网络用户面前进行展示，从而增加其知名度。借助网络团购，达到营销的目的。例如，当餐厅经理发现当日还有座位，服务员人力又足够，只要联系网络营销员，请他把限时限量的特惠专案内容发布出去，很快就能吸引到喜欢打折的网友。

餐饮企业还可以将品牌个性融入大众喜闻乐见的媒介之中，对企业的品牌价值和特性进行深度诠释，使餐厅具有某种特别的"性格特征"，让客人感到更亲切和亲近。广州某餐厅的一条微博令人印象深刻。这条微博用一张绿油油的菜地照片作为题图，大家一眼看去可能会觉得这是在一个普通温室内拍的照片，但仔细一看，原来照片拍自餐厅的天台，餐厅利用闲置的空地精心培育有机蔬菜，而且全部自产自销，欢迎客人去餐厅品尝。如此绿色、低碳、环保的经营理念，让这条微博迅速被广泛传播，餐厅也在短时间内得到了客人和粉丝的喜爱和信任。

3. 积极参与，方便快捷

数字化的营销时代，关注客人体验，随时提供方便快捷的服务是餐厅竞争的重要之处。为了能够扩大知名度，很多餐厅通过客人发朋友圈集赞或者晒图有奖等方式，鼓励客人利用社交网络与他人分享美食图片，推荐餐厅菜品。针对当下智能手机全面普及的现状，目前大多数餐厅都提供了Pad（手持终端）点餐、手机公众号点餐、二维码点餐等更为贴心的互动服务。服务员可根据客人手持的终端定位信息，准确地摆好餐位和上菜。部分餐厅，甚至不需要服务员上前服务，厨房就可直接收到客人的点餐，马上开始制作菜肴。

（五）其他营销方法

除了以上的销售方法，在餐饮企业实际工作中，还会采取以下一些营销方法，以促进餐饮营业收入的提高。

1. 免费品尝

推出新品种最有效的方法之一便是赠送给客人品尝。让消费者在不花钱的情况下品尝菜品，他们一定会十分乐意寻找菜品的优缺点。免费食用产生的感情联系，使客人乐意无偿宣传该菜品。

2. 折扣赠送

现在国内的一些餐饮企业向客人赠送优惠卡，客人进餐凭卡可享受优惠价。这实质上也是一种让利赠送的办法。另外，当客人向管理人员提出希望打折时，应该尽量满足客人的合理需求，或者通过赠送果盘等方式，使客人满意。

3. 宣传小册子

设计制作宣传小册子的主要目的是向客人提供有关餐饮设施和服务方面的信息，使他们相信本企业的餐饮设施和服务优于其他企业。同时，有助于引导尚未确定就餐地点的客人选择本企业为首选目的地。

4. 赠品券

赠品券是餐饮营销推广的重要工具，它为客人提供了代替他人购买餐厅餐饮产品和服务的机会。

5. 直邮推广

直邮推广是指餐饮部门通过邮局向客人、单位寄邮件进行营销推广。邮件一般包括信件、回函单、新闻稿、复印件日历、菜单、明信片、公告、小册子以及其他印刷品等。

任务三　大数据背景下的营销管理

一、大数据时代餐饮营销的特点

在大数据时代背景下，餐饮企业的营销策略需要重新思考。在如今的社会，大数据的应用更加突出它的优势，而大数据所涉及的领域也越来越广泛。在这个"无网不入"的信息时代，人们的衣食住行都离不开互联网。人们可以在网上提前订购餐厅、客房、旅游门票等。随着人们日常生活节奏的加快，一些网络上的订餐平台便火了起来。用搜索引擎在网上打出"网上订餐"四个字时，可以查到很多拥有这个业务的餐饮企业网站，如饿了么、美团、大众点评等就是当下非常火的网络营销平台。另外，网上订餐同时还推动了电子商务模式的普及与应用，作为互联网应用的一种新形式，网上订餐的发展意义深远。餐饮企业通过线上线下等多方面的营销，达到盈利的最大化。我国的餐饮企业要把大数据时代下的信息化资源紧密地结合起来，通过更好的营销策略，线上线下同时营销，为企业赢得最大利益的同时也对餐饮企业的长远发展有深远的影响。

大数据时代对餐饮企业营销的作用体现在以下 5 个方面。

（一）更能迎合顾客需求

在大数据时代背景下，越来越多的生活手段已经离不开互联网，餐饮企业通过计

算机进行系统化的信息采集与整理，通过信息的数据挖掘，可以有效地产生高质量的分析预测结论。如果资金充足的话，还可以建立企业自己的O2O平台，企业借助O2O平台可以快速地获取顾客的基本信息、消费特点、消费次数、消费水平以及口味偏好等。通过对这些信息的搜集与整理，可以对消费者进行分类，更好地了解消费者的喜好，从而制定出更精准的营销策略。同时还可以根据顾客在饿了么、美团、大众点评等团购网站或者餐饮企业自身App上发布一些评价，针对性地改善服务和提升菜品品质。

大数据时代背景下，餐饮企业非常注重用户需求和用户体验，即顾客需要什么，企业就生产什么，对不受顾客欢迎的产品及时修正。比如，"外婆家"实时关注每道菜品销量，在一定时间内，一旦哪道菜品被顾客冷落，即刻将其撤下并换上新的菜品。因为迎合了顾客的口味，"外婆家"菜单上的二十道菜品销量都不差。

（二）节约营销成本

传统营销模式下，餐饮企业需要开展广告宣传、推销、推广等一系列营销活动。企业做市场调研、搜集数据通常要花费大量的人力物力，耗时数月，这导致餐饮企业的营销成本非常高，但营销效率却并不一定乐观。

基于大数据的营销模式下，餐饮企业可以通过互联网平台开展营销活动，这种营销门槛低且效率高。同时，餐饮企业可以针对目标人群展开精准营销，节省企业的营销成本。如今在微博等社交媒体上，许多微博达人有着不亚于明星的人气和感染力，通过他们代言，不但能降低餐饮企业成本，而且他们的营销推广比明星更接地气，更有感染力，更容易使消费者信服。

不仅如此，数据化背景下的餐饮企业，对于餐厅优化采购链条更为便利，通过平时消费者所预订的食谱，可以预知当天需要准备的食材，提前做好准备。同时还可以减少或者撤掉消费者点单率低的菜谱，避免食材的浪费，从而进一步节约生产成本。

（三）精准定位目标市场

得粉丝者得天下，"粉丝经济"的到来，顾客才是最大的资源。在大数据时代背景下，这些忠诚粉丝的最大价值就是"裂变"，由1个粉丝增长为2个粉丝，甚至是一群粉丝。这些消费者已经变成了消费商，他们会利用微博、微信等手段，哪怕是秀一秀自己买到的产品，就会引来朋友圈的一群人，依次裂变、增长，其效果是不可估量的。在目前的新形势下，粉丝是核心顾客群。

对于一个餐饮品牌来说，粉丝也是品牌的一部分，牢不可分，是最优质的目标消费者。品牌用户远没有粉丝那么忠诚，因为喜欢，所以喜欢，不需要理由，一旦注入感情因素，有缺陷的产品也会被接受。互联网时代，创建品牌和经营粉丝的过程高度融为一体，要让粉丝参与到餐饮品牌的传播中。

大数据的关键在于数据挖掘，有效的数据挖掘才可能产生高质量的分析预测。海量用户和良好的数据资产将成为未来核心竞争力。一切皆可被数据化，餐饮企业必须构建自己的大数据平台，小企业也要有大数据。用户在网络上一般会产生信息、行为、关系三个层面的数据，这些数据的沉淀，有助于企业进行预测和决策。餐饮企业构建自己的数据平台，必须要有自己的 CRM 系统，有自己的餐饮管理系统平台和手机移动网络餐厅平台，消费者的基本信息、消费频次、点菜的口味、消费水平等都会记录在餐饮企业自己的信息系统中，提炼、分析这些数据对未来的经营决策价值巨大。

（四）沟通及时有效

传统营销模式下，营销活动的信息传播是自上而下的，消费者只能被动地接收信息，企业很难了解顾客需求，顾客的建议也不能及时反馈给企业。大数据时代打破了这种低效率的信息传播模式。通过互联网平台，消费者可以不受时间与空间约束直接与企业建立联系，进行互动，这有利于拉近企业与顾客之间的距离。在互动过程中，企业能充分了解顾客需求，听取顾客意见，解决顾客的问题，根据顾客需求及时对营销模式和服务方式等做出调整。

大数据让自媒体具备更强的即时性和交互性，餐饮企业或顾客可借助现代互联网设备随时随地进行信息的发布和接收，大大缩短了信息源与用户之间的传播途径和传播时间。另外，大部分自媒体平台都具有转发功能，如果餐饮企业的关注者数量较多，转发者会使信息在关注群体中迅速扩张，传播速度呈现几何增长，转发信息的过程几乎可以和接受信息同步，实现即时的信息再传播，使餐饮企业发布的信息真正"一传十，十传百，百传千"。

（五）增加顾客体验

餐饮业是最传统、最古老的行业，具有高接触度和体验度。时代在变、社会在变，消费者的行为习惯也在变。如何在顾客用餐过程中强化其用餐体验，成为餐饮企业在日益激烈的竞争中越来越关注的问题。对于餐饮行业，大数据时代给了餐饮企业创造参与感最好的机会。例如，在阿联酋迪拜的一家名为黑檀互动的餐厅里安装了一批互动式餐桌，也就是平板电脑做的桌面。食客可以在互动式餐桌上选择自己喜欢的桌布样式和图案，打造属于自己的用餐格调，然后在平板上翻看菜单，直接在平板上点菜，然后通过"厨师摄像头"观看厨房里烹制自己所点菜肴的镜头。可以用平板更新自己的社交平台状态，还能在线召一辆出租车回家。

花点心思做一个微信餐厅，投入更多一些可以做一个手机 App，让顾客参与到点菜、支付、餐后点评的过程中，这是餐厅乐意去推动的事情，因为这样的自助点菜、支付，客观上为餐厅解放了劳动力，减少了人工成本。

二、大数据时代的餐饮营销模式

传统餐饮业日益发展成熟，业界竞争也更趋激烈。在互联网迅猛发展的时代，商家明显感受到顾客消费行为、消费需求的变化。行业痛点要求餐饮企业对经营理念、

方式作出相应变革。餐饮企业应当从菜品、服务、环境、管理、经营等方面谋求创新。餐饮企业应当跟随经济发展潮流，降低成本，巩固已有细分市场，积极谋求创新型发展，实现行业持续稳定前行。在大数据时代背景下，大多数餐饮企业营销模式已呈现以下5个方面的转变。

（一）从产品为主转向以顾客为主

满足顾客的需求是餐厅一切设计的出发点。餐饮企业在餐厅成立之初就应该充分了解客人的需求，这样设计出来的菜品才会得到市场的认可。餐饮企业千万不能闭门造车，否则将会失去市场和客人。

（二）从迎合所有顾客转向服务于目标人群

欧阳修在《归田录》中有这么一句话："补仲山之衮，虽曲尽于巧心；和傅说之羹，实难调于众口。"不同地区、不同年龄的人群都有自己喜欢的菜品，一家餐饮企业不可能赢得所有顾客的满意，也不需要满足所有顾客的需求，只需要满足餐厅目标人群的需求。企业应根据目标人群的需求特点，量身打造适合他们的菜品与服务。比如，以经营湖南米粉为特色的"人人湘"开业初期，不少顾客尤其是女粉丝反映米粉太辣。收到顾客的反馈后，"人人湘"并没有放弃辣的口味，因为辣是湖南米粉的正宗口味，是"人人湘"的品质所在。但"人人湘"对鱼汤进行了改良，将鲫鱼米粉改为不辣的口味，以照顾一大群不吃辣的粉丝。通过这样的调整，"人人湘"在保留湖南米粉精髓的前提下，找到了平衡点。

（三）从高层决策转向以大数据为支撑的科学决策

以前掌握决策权的是餐饮企业的高层，菜品设计与服务管理都来自管理层的经验。进入大数据时代后，餐饮企业可以从社交网络中得到大量的用户数据。只有了解、分析顾客的爱好、消费水平、偏好口味后，餐饮企业高层才能做出科学、准确的决策。比如，麦当劳使用眼球跟踪技术了解客户如何观察一家餐厅。他们捕捉的信息包括：顾客进入门店的路线是什么，与点餐人员有哪些互动，是否会看内部厨房和点餐板，点餐之后都做些什么。只要顾客眼球一动，都会被观测到。

（四）从完整设计到快速更新迭代

一家餐饮企业通常在开业前就做好了菜品设计、装修风格、服务管理、经营策略等工作。可在瞬息万变的大数据时代，消费者需求在商家开业时可能已经发生了改变，商家开业就可能陷入滞后市场的尴尬境地。餐饮企业想要快速占领市场，使边际利润最大化，就必须基于快速更新迭代的思维，在大条件不变的情况下小范围试错。比如，某些餐厅在试营业期间会根据顾客的反馈及时修正菜品，正式开业后仍实时关注分析菜品销量，淘汰不受欢迎的菜品，更换新品种。

（五）从主动推广转向引导消费

对一家餐厅来说市场营销是必不可少的。尽管古话说"酒香不怕巷子深"，但如今餐饮行业竞争激烈，如果餐厅不进行市场营销推广，很快就会被淹没在不计其数的、各具特色的餐厅中。以前餐饮企业进行的营销活动过于注重宣传产品，消费者对这种方式比较抗拒。如今最受欢迎的营销方式是商家通过不同的新媒体平台和渠道与消费者进行互动沟通，向消费者传递宣扬新的消费观念，影响消费者的行为，刺激消费者的消费欲望，使消费者主动购买产品。这种方式不但迎合了消费者，还能帮助商家提高品牌价值、增加效益。

但值得注意的是，大数据时代的现代营销不是全盘否定传统营销模式，而是基于新的经济形态与顾客需求，不断提升改进营销模式。

三、基于大数据的餐饮企业营销体系构建

（一）建立有效的餐饮大数据物流配送平台

在大数据时代，我国的物流逐渐趋向平台化的发展模式，而数据则是实现物流平台化运营的基础所在，因此所有的物流活动都离不开数据。餐饮行业原材料特殊，需采用冷链运输，无疑成本更高。在冷链物流配送过程中，要想保证运输物料的质量、降低运输成本，需要解决配送路径规划和设置合理配送温度、设置合理配送量及配送频率等问题。通过海量数据分析客户需求，为企业研发、生产、广告投放等提供更好的导向；通过海量数据分析为企业资源配置、物流配送提供更好的指导；通过海量数据分析对企业资金流实时有效监控、预测，合理有效配置企业资本等。通过分析目前餐饮企业 ERP 系统数据，可知晓各个门店的运营状况，从而分析得出利润较高的菜品和受欢迎度高的菜品，由此对企业菜品、原材料配送、物流等进行规划，把企业主要资源应用于企业高利润回报的业务中，使资源利用达到最大化。与此同时，如果企业能够及时掌握数据的发展态势从而采取措施以及时调整业务，实现业务利益最大化，那么企业业务就能够处于盈利状态。

在物流方面，通过物流云，企业可以实时监控企业生产、仓储、运输等流程，有效降低物流成本；在信息流方面，可以逐步实现把数量庞大的数据高效转化为有效信息，从而使企业价值得到发挥，而企业的管理部门也可以考察为企业所带来经济收益的各数据管理模式来选择有效的信息策略；在资金流方面，可以通过移动端更及时、更准确地监控企业关键财务指标，建立供应链金融、物流金融等体系，更高效解决企业投融资问题。

关于配送频率和配送量，需依据配送效率、销量预测等进行综合判断，尽可能以较低价格实现原材料的充足，保证原材料的质量。关于配送价格，由于生鲜食品自身的特殊性，食材地域分布不均，各类果蔬、海鲜产品等存在很明显的季节性，产量也存在"峰谷年"，提前根据气候条件、宏观经济形势等预测原材料价格也非常关键。

总之，大数据物流管理系统通过对物流信息收集、存储、加工和传输等，实现对

物流活动的有效控制和管理，通过统计分析子系统对数据的挖掘、分析，为餐饮企业生产经营提供战略规划，更加准确地分析产品利润、协调运营管理等。系统可对餐饮企业进行细分，依据库存管理、销售管理和结算管理等子系统对餐饮企业用户进行分类，把握餐饮企业配送量偏好曲线、价格承受范围等，实现更好的成本控制和原料质量保证。

（二）建立餐饮后台及时反馈系统

餐饮企业信息化是指餐饮企业从订餐、接待、点餐、传菜到厨房分工、分单打印、条码划菜、收银、管理者查询与掌控、信息分析、财务状况等环节实现全方位信息化管理。信息化逐步实现后可进一步提升餐饮从业人员的工作效率。大数据餐饮后台及时反馈系统可以有效保证餐饮企业更好地洞察消费者需求，及时更新菜品、及时监控需求，保证消费者的用餐体验。

（三）建立与消费者的双向沟通渠道

可以通过分析外部舆情为企业未来发展提供决策信息。具体表现为：一是通过分析企业外部消费者对企业产品服务等评价来提升改善产品服务质量；二是通过分析外部竞争者的动态了解企业战略方向，提升自身的核心竞争力。大数据时代，在洞察消费者需求方面，企业可以直接了解客户心理、客户对自身的评价。大数据时代重要趋势之一即是数据社会化，不论是来自大众点评、美团网等团购网站的评价信息，还是来自微信朋友圈、博客、论坛、微博等动态信息，都可以作为企业直观了解消费者的重要依据。而洞察消费信息对企业大到战略制定、小到店内桌椅设计等都起到了关键作用。

在了解外部竞争者动态方面，大数据时代下数据比以往更为全面，包括交易、交互和感知数据。其中，交易数据主要来源于企业营销、CRM等系统，对企业内部信息进行记录；交互数据主要来源于微信、微博等社交媒体，可以通过采集大众对企业菜品、服务等的评论对企业自身菜品服务进行改善，了解大众对竞争对手菜品服务的评价，并能及时处理负面消息；感知数据则主要来源于物联网，通过芯片、传感器等对物理特征的感应信息，可以准确判断企业物流等相关信息。这些不同类型的数据帮助企业从不同方面了解企业竞争者动态及企业自身情况，帮助企业了解到行业的发展状况、消费者真正需求以及行业内其他企业的发展动向等，获得有效信息资源。

（四）建立物流资金流融合系统

企业物流通常是从上游供应商向下游零售商流动，资金流则是从下游向上游流动。信息流是管理和控制物流、资金流的决策来源。大数据时代，信息处理能力的加强使企业可以有效整合供应链上的资金流和物流资源。

企业物流与资金流的闭环控制为物流与资金流的融合提供了前提条件。资金预算管理计划与采购活动通过企业集团中央数据库发生数据交换，可有效减少数据的重复录入，减少错误发生。帮助餐饮企业摆脱传统餐饮行业经营的地域限制、时间限制以及推广方式，通过网络这一高渗透、高黏度的平台，实现扁平化的品牌传播与交互。比如，微信餐厅将本来由服务员完成的点单操作转移至食客端，将本来大堂完成浏览菜单工作转移至到店前，全面削减人力成本与时间成本，优化资源配置，帮助企业将资金运用到最关键的环节。"微信餐厅+CRM+餐饮管理系统"构建的餐饮O2O深度闭环，帮助餐饮企业全面整合与利用线上与线下资源，搭建全渠道营销体系，实现对于餐饮互联网经营的超越。

四、大数据时代的餐饮企业未来发展

衣食住行四大服务类经济中，衣、住、行早已受到互联网的冲击。唯独食，互联网只能是"隔层挠痒"。互联网思维对传统企业的冲击之大无论怎样评价都不为过。随着大众餐饮消费渐成主流，互联网思维与餐饮业结合的话题也变得越来越热门，互联网，特别是移动互联网正在全面渗透餐饮行业。我们感受到新的时代大潮扑面而来，面对这样大的时代变革，餐饮业应该如何应对，如何主动拥抱变化，如何将互联网思维落地餐饮企业，是每一个希望长久在餐饮业打拼的企业家不得不面对、不得不思考的问题。在互联网技术不断发展、智能手机日益普及的宏观大背景下，餐饮企业需要对市场、用户、产品、企业价值链乃至整个商业生态进行重新审视和思考。

在目前餐饮企业O2O的实践中，大多数是靠第三方平台，而不是餐饮企业自己来维护这个平台，所以后期的维护、网站的更新、消费者的信息查询等都会出现一些问题。同时，线上的一些优惠活动，会对线下造成一定的冲击和影响，成本方面就是一个很大的挑战。因为线上给予了消费者一个很大的折扣，所以如何在收入和成本之间找到一个平衡点很关键。中低端的餐饮可能能够较长时间地通过团购来获得新顾客，但对于高端餐饮企业来说，更多的是通过线下渠道让消费者理智地接受其提供的高端就餐体验。

未来十年，是中国商业领域大规模变革的时代，一旦用户的生活方式发生根本性变革，来不及变革的企业，必将遭到淘汰。餐饮业需要利用互联网改造和提升自己，改变原有的产业发展节奏，改造原有的经营模式，建立新的游戏规则。餐饮企业升级服务的关键在于提供精准、高效的服务内容，给客户带来VIP的身份感，实现个性化服务的目标，而后台订单统计、数据分析、微信互动等都将成为收集客户信息的途径。

总之，大数据时代下的餐饮企业必须携手互联网，尤其是移动互联网，以消费者为中心，为顾客提供菜品丰富、服务周到、支付安全便捷、反馈有路的用餐环境。对于餐饮企业来说，互联网只是工具，借助线上平台摸清底牌，最终实现服务升级才是目的。如果运用得当，线上资源完全可以为餐饮企业的线下服务所用，实现企业与顾客的双赢。

【项目小结】

本项目主要讲解了宴会策划方案的原则、流程，重点介绍了宴会营销管理的内容以及在大数据背景下如何做到精准营销。

【项目练习】

1. 以当地某高端餐饮企业或酒店为背景，自拟主题，设计一个宴会策划方案。

2. 自选菜品，设计一个微信推广的文案或视频。

项目七
宴会服务人员与质量管理

》 **学习目标**

• 明确宴会服务人员的素质要求。

• 了解宴会服务的质量管理理论和方法。

• 能够从基层管理者角度对宴会服务的质量进行督导。

》 **知识点**

宴会人员职责；宴会服务人员从业素质；服务质量管理理论。

【案例导入】

这家奥运会接待酒店贴心服务赢得中外媒体称赞

结束了北京冬奥会的报道，正在金龙潭饭店进行两周隔离的记者们，昨天收到了饭店送来的一份特别的小礼物：8字型拉力器，并附言："愿我们提供的健身小器材能陪伴您度过接下来的隔离生活，让休闲与健康同在。"

北京金龙潭大饭店是 2008 年奥运会、2022 年冬奥会两届奥运盛会的接待保障酒店，主要为 100 多名国内外媒体记者提供住宿和餐饮服务。虽闭环，亦有情，通过他们贴心、细致的工作，中外记者真正感受到了"双奥之城"的热情好客。

北京金龙潭大饭店开业之初即成为涉奥酒店，2008 年为奥运会赞助商、供应商提供了 150 多间客房。时隔 14 年后，金龙潭再次成为 2022 年北京冬奥会签约酒店。

饭店充分发挥高科技产品的作用，在公共区域设置了红外线测温仪、自动感应洗手液机、消毒机、雾化消毒机器人等产品，减少人为接触，起到了很好的效果。餐厅里还设置玻璃隔断，优化就餐路线，延长开餐时间，控制用餐人数。

值得一提的是，除提供堂食以外，饭店也提供外带或机器人送餐服务，由送餐机

器人点对点送饭上门，最大限度地降低疫情传播的风险，这个新的举措赢得了不少中外记者的点赞。

北京冬奥会不仅是体育的竞技场，也是文化交流的舞台。这届冬奥会正值中国虎年春节，"年味"便成为中外文化交流的重要载体。为了让境外记者近距离领略中国传统文化的风采，金龙潭大饭店特意营造了浓郁的春节氛围，除了冬奥会的吉祥物冰墩墩，大堂内还装扮起春联、中国结、红灯笼，员工们手书"福"字，把新年祝福送到每间客房。

美食是中国传统的待客之道，除夕当晚，餐厅现场包饺子，邀请客人免费品尝北京特色传统小吃；门外，客人纷纷手持糖葫芦与十二生肖玩偶拍照留影，"中国年"在他们心中打上了深深的烙印。

正月十五元宵节之夜，餐厅员工特别为每位客人都端上了一碗热气腾腾的"元宵"；2月14日，宾客还收到玫瑰花和巧克力。

2月1日晚，当丹麦记者托马斯·丹尼尔森走进餐厅时，现场一幕令他惊喜万分：服务员们排着队，唱起了生日快乐歌。原来，当天是他的生日。饭店的餐饮部从入住登记信息中，得知托马斯的生日信息，在他提前预订的餐桌上，工作人员早用微型投影仪投射出手绘的生日图片。当服务员为他端上一碗中国传统特色的荷包蛋长寿面时，托马斯更是感动不已："中国，漂亮！"

荷兰记者皮姆发现自己的登山鞋出现开胶破损，没有带备用鞋的他焦急地来到前台寻求帮助，例行巡视的饭店负责人安副总经理立刻找来502胶水为他修好了鞋。为防止鞋子再次开胶而影响行程，他还主动为其提供了委托代办服务，在网上商城挑选了新的登山鞋。

拾到手机后完璧归赵、为客人垫付打车费、向中国香港记者赠送连花清瘟胶囊……多种亲情化、个性化的用心服务，饭店员工获得了客人的普遍认可和高度评价。

在饭店的闭环区域内，"新年好""谢谢""太棒了"这些不太标准的普通话，时常出现在前台、餐厅、客房以及迎来送往的大门进出口。尽管工作烦琐而辛苦，金龙潭大饭店的工作人员总是会露出会心的微笑，"能够得到宾客的赞扬，能够为冬奥会的成功尽自己一份力，我们就感到很满足！"

（案例来源：新民晚报，2022-02-25.）

任务一　宴会服务人员素质要求

宴会从业人员一直以来被人误认为是门槛低的工作岗位，社会地位一直被贬低，随着经济的发展，人们认识水平的提高，以及消费者对服务标准的提高，宴会服务人员的素质要求也越来越高，不再是单纯的"端盘子"，而是需要较强的综合素质和技能水平。

一、宴会服务人员岗位职责

（一）宴会前的职责

（1）个人仪容仪表的准备。宴会服务人员的仪容仪表反映了酒店的形象，代表了企业的服务水平。因此，宴会服务人员每日工作前必须整理好个人形象。每天要修剪指甲，修剪整齐，长度适中。宴会服务人员原则上不能涂抹指甲油，指甲不得有脱落。面部洁净，一般不留胡须，鼻毛不可过长。保持口腔清洁，口气清新，饭后要漱口，营业前和营业中不吃有刺激性气味的食物。制服干净整齐，无破损，不佩戴影响工作的首饰。

（2）个人卫生的准备。宴会服务人员的个人卫生是顾客健康的保障。需要遵守食品卫生安全的要求，以防止客人感染疾病。宴会服务人员健康的身体是工作最基本的要求。宴会服务人员要定期检查身体，在日常要做好个人卫生、养成良好的卫生习惯，尤其是要勤洗手的习惯。

（3）宴会场地卫生的准备。宴会场地设施设备较多，因此卫生检查和物品准备需要十分仔细。空气中如有不良气味，要及时打开窗户或启动新风系统；地面、墙壁、窗户、桌椅、沙发等要擦拭干净，尤其是桌椅沙发下方；工作台、落台要使用清洁剂擦亮，确保无污渍；镜子、玻璃应使用无纺布擦亮，确保光洁无尘；所有餐具都要进行清洗消毒，确保餐具无水渍；检查酒杯是否洁净无垢，玻璃酒杯要使用蒸汽熏蒸后，用擦杯布抛光，确保无水渍，无指纹；备餐间和备餐台内的备用餐具、瓷器、酒具、开瓶器等服务用品分类摆放整齐，以便需要时能及时找到；宴会场地要定期使用消毒液消毒。

（4）宴会服务耗材的检查和准备。宴会部管理人员及服务人员要及时根据宴会订单及时检查库存的各种饮料、酒水、布草等耗材是否达到标准，库存量如有不足，应立即申请采购补足。这里要尤其注意贵重的酒水、餐具一定要专人负责，无论是专用的酒柜还是与餐饮部共用，都要对品种、数量、存放位置了然于胸。原料耗材要注意

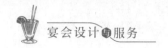

保质期，不可使用过期食品，开封的食品要及时冷藏或密封处理。

（5）设施设备的准备。空调工作正常，无异味。灯光照明正常，无频闪等现象。音乐广播系统工作正常。消防设施设备摆放到位，消防通道无堵塞，消防标志明显。卫生间干净，清新无异味。

（6）宴会摆台及装饰准备。根据宴会的类型、客人数量、客人要求等布置好台型，提前做好摆台工作。

（二）宴会中的职责

1. 做好迎宾工作

无论是中餐还是西餐宴会，根据宴会开始时间，宴会服务人员和迎宾员应提前在宴会厅入口迎候宾客，值台服务员在自己负责的区域做好服务准备。宾客抵达时，要热情迎接、微笑问候，一些宴会入场需要核验邀请函，凭邀请函入场。一些宴会厅外设有衣帽间，宴会服务人员帮助客人存挂衣帽并及时将寄存卡递送给客人，或协助使用密码或人脸识别设备。迎领早到的客人进入宴会休息室，递上小毛巾并送上茶水、小吃。在中式宴会中，休息室有专人进行茶艺服务。

2. 菜肴服务

中餐按照先凉菜后热菜的顺序提供上菜服务，大型宴会应该安排专门人员负责指挥控制上菜的节奏，避免因早上、迟上或漏上影响宴会整体效果。宴会上菜通常以主桌为准，先上主桌，不可颠倒主次。菜肴上桌后应转动转盘，将新上菜肴送至主宾与主人面前。如用长条形盘，则应使盘子横向朝向主人；如上整形菜，则讲究"鸡不献头、鸭不献掌、鱼不献脊"；如所上菜肴配有佐料，则先上佐料后上菜。每上一道新菜，应向客人报菜名，如上招牌菜及特色菜，还应向客人介绍菜肴风味特点、历史典故及食用方法。如需提供分菜服务，则先上菜肴请客人观赏，再拿到分菜台上分好上给客人。分菜时要胆大心细，分量均等，要注意每份菜品荤素搭配，颜色搭配。西餐宴会按照西餐的上菜顺序逐一上菜，每道菜间隔时间大约15分钟，上菜时根据情况采用法式服务、美式服务等，采用推车、托盘等合适的工具提供菜肴服务。

3. 酒水服务

宴会的酒水一般提前准备好，白葡萄酒、起泡酒进行冰镇，红葡萄酒根据情况进行醒酒，为宾客斟倒酒水时，应首先征求宾客意见，按宾客需要斟倒酒水，如宾客不需要，应及时将宾客面前的空酒杯撤走。在斟倒酒水时，应从主宾开始，接着为主人斟酒，然后按顺时针方向依次进行，服务员应站在宾客右后方，侧身而进，右手持瓶，酒标朝向客人，瓶口距离杯口1~2厘米，中国白酒斟至8分满，红、白葡萄酒斟不超过1/2杯（液面一般不超过杯肚最大位置）。如遇宾主致辞祝酒，服务员应提前斟好酒水，尤其应注意主宾和主人，当杯中酒水少于1/3时应及时添加。当宾主致辞祝酒时，服务员应停止一切活动，端正站一旁等待。

4. 做好巡台工作

无论中餐宴会还是西餐宴会，在宾客用餐过程中要时刻关注宴会宾客的情况，注意观察酒水、餐食的情况，及时做好撤换餐具、更换骨碟、斟倒酒水等餐中服务。

（三）宴会后的职责

主人宣布宴会结束时，服务人员要提醒宾客注意携带自己的随身物品。客人起身离座时，服务员要主动帮客人拉开椅子。客人离座后，服务员要立即检查是否有客人遗漏的物品，及时帮助客人取回寄存在衣帽间的衣物。宾客全部离座后，服务员应迅速分类清理餐具，整理台面。清理台面时，应依次按照餐巾、毛巾、玻璃器皿、金银器、瓷器、刀叉、筷子的顺序分类清理，贵重物品应当面点清。完成台面清理后，服务员应将所有餐具、用具回复原位并摆放整齐，做好清洁卫生工作，保证下次宴会的顺利进行。大部分餐厅有专人负责宴会餐具的清洗工作，部分餐厅的宴会服务人员在宴会后要亲自进行餐具的清洗。

二、宴会服务人员的任职要求

（一）礼仪要求

讲究礼仪是宴会服务人员的基本要求，在服务业日趋发达的今天，人们对从业人员的要求越来越高，无论是中餐宴会还是西餐宴会，服务人员都必须熟练掌握站姿、走姿、坐姿、手势、鞠躬礼仪、服务语言等礼仪的规范要求。

良好的站姿能够衬托美好的气质和风度，体现一个人的自信心和积极向上的精神。站姿要头正、肩平、身直、挺胸、收腹、提臀。男士的站姿主要有垂臂式、前搭式、后背式，女士的站姿主要有标准站姿和"丁字步"站姿。

坐姿力求端庄优美，体现稳重文雅和自然大方。坐姿的要求是入座时要轻、稳、缓。走到座位前，转身后轻稳地坐下。一般从椅子的左边入座，从椅子右边起身离开，落座后神态从容自如，嘴唇微闭，下颌微收，面容平和自然。双肩平正放松，两臂自然弯曲放在腿上，也可放在椅子或是沙发扶手上。坐在椅子上时，上身自然挺直，双膝自然并拢，双腿正放或侧放，双脚并拢或交叠，不可坐满整个椅子，大概坐椅子的三分之二。女士如着裙装，入座前要先将裙子抚平收拢，然后再入座。常见的坐姿有"正襟危坐"式坐姿，女士的斜摆式坐姿、斜挂式坐姿等。

走姿对于宴会服务人员来说尤其重要，因为在服务工作过程中，大多数时间都在走动，良好的走姿能够体现出宴会服务人员的专业与干练，提高服务的工作效率。走姿的基本要求是步伐步幅适度，行走速度均匀，上身基本保持站立的标准姿势，双眼平视前方，挺胸收腹，腰背挺直。在行走的过程中，双臂前后自然摆动。在使用托盘或者徒手端菜等过程中，要注意手肘和手臂不可贴在身上。行进过程中要注意避免碰倒客人或物品，宴会服务人员要避免跑动，以免给客人造成紧张感。

手势礼仪也是宴会服务人员在迎宾、引领、拉椅让座等各个环节不可缺少的礼仪。手是人体运动幅度较大、运用自如的部分,手势的形式和内涵都十分丰富。在社交中,手势的作用十分强大,能够提升人际沟通中的感染力、说服力和影响力。宴会服务人员在使用手势礼仪时,要运用恰当,动作规范,如果表达不当会适得其反。在使用手势礼仪时,应简约明快,但不宜使用过多,以免让人感觉眼花缭乱或是喧宾夺主。避免指指点点、摆弄手指等不良手势,不要让不良的手势影响形象,要力求自然文雅。在使用手势礼仪时要与全身协调,与语言协调。

服务语言是宴会服务人员的基本功,是我们提升服务质量和顾客满意度的法宝。服务语言的基本要求是"亲切自然、恰到好处、点到为止",在与顾客交流时应表情轻松,多微笑。服务语言要清楚、亲切、准确,包括目光的运用,传递信息的同时表达尊重。服务人员在与客人交谈时应保持良好的身体姿态。和客人交谈时,与客人保持一步半的距离为宜。要进退有序,交谈完毕要后退一步,然后再转身离开,以示对客人的尊重,不要说完扭头就走。宴会服务人员首先要善于聆听,表情专注。客人说话时不要左顾右盼、漫不经心,或随意看手表、双手东摸西摸,这样会让客人感觉到没有被尊重。对于顾客的诉求和要求,要适时回应,让客人感受到服务人员在认真聆听。例如,当客人在点餐时服务人员及时地点头、微笑、记录或给出建议,都是很好的做法。在服务过程中避免和客人发生争执,否则可能是胜了道理,败了心情,失了和谐。与客人交谈时,音量和语速适中。声音太小,语速太快,客人听不清,也表现出服务人员的不自信;声音太大,会让客人觉得太吵,表现出服务人员没礼貌;语速太慢表现出服务人员业务不熟练或不热情。服务人员说话要吐字清楚,嗓音悦耳,这样不但有助于表达,而且可以给人以亲切感。服务人员要使用顾客能听懂的语言,原则上不能使用方言。

宴会服务人员的服饰与穿着打扮体现着不同宴会主题风格和精神面貌。在酒店里,宴会服务人员需要统一着酒店制服,服饰体现着个人仪表,影响着客人对整个服务过程的最初和最终印象,同时服饰装扮也是和主题宴会相呼应的一种手段。宴会服务人员上岗之前自我修饰、完善仪表是一项必需工作。即使宴会服务人员的身材标准,服装华贵,如不注意修饰打扮,也会给人以美中不足之感。因此,一个良好的宴会服务人员要学会自我的打扮和服饰搭配。宴会服务人员整洁、卫生、规范化的仪表,能烘托服务气氛,使客人心情舒畅。

(二)知识要求

宴会服务人员需要的知识储备比较丰富。主要有以下9个方面。

(1)酒水知识。掌握国内外主流酒水的产地、特点、制作工艺、品名、市场价格及饮用方法,并能鉴别酒的质量等,如葡萄酒、啤酒、白兰地、威士忌、伏特加、朗姆酒、特基拉、金酒、中国白酒等。

（2）菜品和烹饪知识。宴会服务人员要熟悉本餐厅菜品的烹饪工艺、口感、原材料等，才能回答客人的提问以及更好地为客人提供服务。

（3）设备与用具知识。掌握宴会厅常用设备的使用要求、操作过程和保养方法。

（4）酒具和餐具知识。掌握不同酒杯的种类、形状及使用要求与保管知识。例如，玻璃酒杯与水晶酒杯的区别、玻璃器皿的清洁知识、西餐餐具的识别与使用等。

（5）营养卫生知识。宴会服务人员要掌握饮料营养结构、餐酒搭配、食品卫生要求，尤其要掌握食品安全卫生知识，防止食物中毒事件的发生。

（6）安全防火知识。宴会厅是人员密集场所，消防安全隐患较多。宴会服务人员要掌握安全操作规程：懂火灾的危险性、懂预防火灾的措施、懂扑救初起火灾的方法、懂组织疏散逃生的方法、会使用消防器材、会报火警等。

（7）菜单知识。菜单是宴会经营的基础，是连接顾客与企业的重要桥梁，是经营方式的体现。宴会服务人员要熟悉掌握菜单的结构，菜品的风格、烹饪方法、搭配原则以及服务标准，同时要学会利用心理学、美学等知识科学合理设计菜单。

（8）中外民俗知识。作为对客服务岗位，要掌握主要客源国的饮食习俗、宗教信仰和习惯等，尤其应掌握不同民族的禁忌，包括禁忌的语言、动作、物品、颜色等。

（9）外语知识。宴会服务人员要掌握宴会厅常用的服务英语口语。有些地区的宴会服务人员还要掌握少量的第二外语，如日语、韩语、俄语等。

（三）技能要求

（1）台面设计和摆台的能力。这是宴会服务人员的基本功，能够根据不同的宴会主题、人员数量、身份、季节等因素对宴会主题进行设计，并利用手中的材料进行摆台。

（2）设施设备清洗和维护能力。能使用正确的洗涤剂、消毒剂、洗杯机等设施设备，对陶瓷、不锈钢、玻璃、石材等不同材质的设施设备、餐具、器皿进行清洗、消毒、维护，以保障干净卫生和安全。

（3）沟通交流能力。善于发挥宴会服务人员信息传递渠道的作用，准确、迅速地与顾客沟通和交谈，掌握顾客的心理，掌握语言艺术，熟练处理客人的投诉，让顾客开心而来、满意而归。同时，注意与同事、领导、其他部门的沟通协调。

（4）经营管理能力。餐厅作为营利性组织，目的是获取利润，优秀的宴会服务人员要有较强的经营意识和数学概念，熟悉菜品定价、菜品成本和毛利率等计算方法，能通过历史数据、统计数据发现经营规律，通过调整产品组合，调整定价，精准对接目标客户进行宣传促销从而提高盈利能力。

（5）解决问题的能力。宴会厅客人结构复杂，来源广泛，难免会产生一些冲突，宴会服务人员要善于应对紧急事件，保障企业正常运营。

（四）素质要求

（1）顾客至上的意识。作为宴会服务人员，需要有正确的顾客意识，即"像老朋

友一样照顾好每一位顾客"。增强宴会服务人员的顾客意识，就必须提高宴会服务人员尊重他人的意识，只有尊重别人，才会受到别人的尊重。想客人之所想，做客人之所需，在此基础上，挖掘顾客的隐性需求，想在客人所想之先，做在客人所需之前。

（2）正确的价值观。宴会服务人员要认真践行社会主义核心价值观，做到爱国、敬业、诚信、友善，不能出现欺骗消费者、以次充好、以假乱真等行为。

（3）艺术审美意识。艺术审美意识是一种对美的认知能力和感悟能力，表现在对装修、设计、装饰风格的品位和判断上，宴会服务人员有了较强的艺术审美意识才能根据顾客的品位和市场趋势，设计出让顾客满意的宴会产品。

【知识链接】

丽思卡尔顿酒店核心价值文化

1. 座右铭

We Are Ladies and Gentlemen Serving Ladies and Gentlemen.

我们是服务绅士与淑女的绅士与淑女。

2. 信条

宾客得到真诚关怀和舒适款待是丽思卡尔顿酒店的使命。

我们致力于为宾客提供体贴入微的个人服务和多种选择的设施，营造亲切、舒适、优雅的入住环境。

丽思卡尔顿体验带给您身心愉悦、愉悦享受，我们努力心照不宣地满足宾客内心的愿望和需求。

3. 优质服务三步骤

（1）热情真诚地问候宾客。

（2）亲切地称呼宾客姓名。提前预计每位宾客的需求并设法满足。

（3）亲切送别。温暖地告别并亲切地称呼宾客姓名。

4. 服务准则

（1）我与他人建立良好的人际关系，为丽思卡尔顿创造终身客人。

（2）我能敏锐察觉宾客明示和内心的愿望及需求并迅速做出反应。

（3）我得到授权为宾客创造独特、难忘和个性化的体验。

（4）我了解自己在实现成功的关键因素、参与社区公益活动和创造丽思卡尔顿成功秘诀过程中所起的作用。

（5）我不断寻求机会创新和改进丽思卡尔顿的服务体验。

（6）我勇于面对并会尽快解决宾客的问题。

（7）我创造团队合作和互相支持的工作环境，致力于满足宾客及同事之间的需求。

（8）我有不断学习和成长的机会。

（9）我参与制订与自身相关的工作计划。

（10）我为自己专业的仪表、语言和举止感到自豪。

（11）我保护宾客、同事的隐私和安全，并保护公司的机密信息和资产。

（12）我负责使清洁程度保持高标准，致力于创造安全无忧的环境

（资料来源：丽思卡尔顿酒店官网）

任务二　宴会服务质量管理与控制

一、服务质量的含义

服务质量的定义一般有两种：一是狭义上的服务质量，指由服务员的服务劳动所提供的、不包括提供实物形态的产品的使用价值；二是广义上的服务质量，包含组成服务的三要素，即设施设备、实物产品和服务质量，整体来说，包括有形产品质量和无形产品质量两个方面。服务质量主要指广义的，即以所拥有的设施设备为依托，为顾客所提供的服务活动能够达到规定效果和满足顾客需求的特征和特性的总和，是服务的客观现实和客人的主观感觉融为一体的产物，强调客人满意。

关于服务质量的意义和内涵，西方行业中经常以英文单词 SERVICE 中每个字母所代表的意思来进一步阐述服务的内涵，很有借鉴意义。

第一个字母 S，即 Smile（微笑），其含义是服务员要给每一位客人提供微笑服务，发自内心的真诚微笑能够让顾客体验到真切的关怀。这一点无论是中餐还是西餐，无论何种服务方式，面对哪一个国家的客人都是相同的，宴会服务人员的微笑是提升宴会服务质量的重要武器。

第二个字母 E，即 Excellent（出色），其含义是服务人员要将每一项微小的服务工作都做得很出色。无论是迎宾、引领、斟酒、上菜等工作，表面上看，完成工作任务的门槛较低，没有什么技术含量，实际上，想要成为一名受人尊敬和满意的宴会服务员，在技术技能上要把每一个动作都练习到炉火纯青，在知识面上需要勤学习，只有丰富的知识储备才能在纷繁复杂的宴会服务工作中游刃有余，把每一项工作做到极致，这也是当前"工匠精神"的体现。

第三个字母 R，即 Ready（准备好），其含义是服务员要随时准备好为客人服务。无论是设施设备，还是服务员自身的准备，只要走进工作岗位，只要面对客人，就要保持最好的状态，随时给顾客提供最优质的服务。

第四个字母 V，即 Viewing（看待），其含义是服务员要把每一位客人都看作需要给予特殊照顾的贵宾，都要把顾客看作我们的朋友来款待。在西方的教育中，酒店管

理常常被称为Hospitality，意思就是"款待"，我国餐饮服务行业也经常提到要让顾客"宾至如归"，也有同样的意义。

第五个字母I，即Inviting（邀请），其含义是服务员在每一次服务结束时，都要邀请客人再次光临。

第六个字母C，即Creation（创造），其含义是每位服务员要精心创造出使客人能享受其热情服务的气氛，同时要发挥创造力，让我们的服务和产品能够让客人满意。宴会服务工作并非"机械性"和纯粹的"标准化"，是需要根据不同客人的需求，发挥宴会设计人员和服务人员的创造力，正如本书提到的宴会台面设计，就需要宴会设计和服务人员有较强的创造力。

第七个字母E，即Eye（眼神、眼光），其含义是每一位服务员都要用热情好客的眼光，使客人时刻感受到服务员在关心自己。在宴会服务过程中，也要随时关注一下顾客的用餐情况以便能够及时提供服务，不能让顾客感到冷漠。

二、服务的基本特征

要做好服务质量的管理工作，我们首先要了解服务这项工作的基本特征。

无形性是服务的最主要特征，与工业和农业消费品相比，服务与构成服务的元素都是看不见摸不着的，顾客在使用服务后的利益也很难被觉察，或要等一段时间后才能感觉到服务的成果。例如，教育服务，是要等到几年甚至几十年才能看见成果。当然服务的无形性并不是完全的无形，很多服务需要有关人员利用实物为载体。如在宴会服务中，服务人员需要以菜品、酒水、餐具等为载体为顾客提供服务。

服务的不可分离性是指服务的产生过程和消费过程需要同时进行不可分离。也就是说，服务人员为顾客提供服务时，正是顾客消费服务的时刻，二者在时间上不可分离，这是由于服务本身不是一个具体的物品，而是一系列的活动和过程。例如，斟酒服务中，宴会服务人员为顾客斟酒的过程，正是顾客体验的过程，两者无法分开。

服务的不可储存性是指服务是一种体验，不可能像有形的消费品和产业用品一样被储存起来，这也是由于服务的无形性和不可分离性造成的。例如，宴会服务人员为顾客提供红葡萄酒开瓶、醒酒、斟酒等服务，对于顾客来说是一种体验，顾客不能将这种体验带回家或者储存起来以后再享受。

差异性是指服务的构成内容及质量水平经常变化，很难和工业产品一样统一标准。一方面由于服务人员自身因素的影响，如同样一道菜品，不同的厨师对这道菜品的理解和烹饪方法不一样，菜品的口感也会略有不同。在服务过程中由同一服务人员提供的服务也不一定统一，会受到服务员的心情、身体情况、设备等因素的影响。除了服务员的因素外，顾客本身的因素，如知识水平、审美情趣、兴趣爱好也会影响到服务质量和效果。

缺乏所有权是指在服务的生产和消费过程中不涉及任何东西所有权的转移。既然服务是无形而又不可储存的，服务在交易完成后便消失，因此消费者就没有"实质性"地拥有任何实物。顾客在宴会厅里的用餐，并不会因为他的消费而拥有了某张桌子或者某个餐具。

三、服务质量的构成

服务质量的构成主要包括设施设备质量、服务产品质量、实物产品质量、环境氛围质量和安全卫生质量等方面。

（一）设施设备质量

设施设备既是提供服务的物质基础，又是服务企业豪华档次的基础。设施设备不仅要有使用价值的水准，同时还要具有高雅、舒适的魅力价值，以及美感和风格特色。目前越来越多的餐厅和酒店已经意识到了这一点，定制餐具、定制酒具已经十分普及，"文创餐具"正在悄然兴起。这些餐具，不仅是菜品或者酒水的载体，还要与酒水和谐搭配，凸显整体颜值。更进一步，还须与餐厅的气质、主题相匹配，成为文化体验的细节化呈现。这些设施设备不仅让整个用餐过程更有仪式感，也能增加顾客对餐厅的整体好感。

（二）服务产品质量

服务产品质量是指提供的服务水平的质量，它是检查服务质量的重要内容，包括以下内容。

（1）礼节礼貌。礼节礼貌是整个服务中最重要的部分，在管理中备受重视，因为它直接关系着顾客满意度，是提供优质服务的基本点。

（2）职业道德。服务过程中，服务是否到位实际上取决于员工事业心和责任感的强弱。因此，遵守职业道德也是服务质量的最基本构成之一。

（3）服务态度。它是指服务人员在对顾客服务中所体现出来的主观意向和心理状态。员工服务态度的好坏是很多顾客关注的焦点，顾客可以原谅许多过错，但往往不能忍受服务人员恶劣的服务态度。尤其是在遇到顾客投诉或者不满意的时候，服务人员务必要保持良好的态度，不能一味地推卸责任。

（4）服务技能。服务技能是企业提高服务质量的技术保证，要求员工掌握丰富的专业知识、具备娴熟的操作技术，并能够根据具体情况灵活运营。

（5）服务效率。现代社会的节奏加快，使人们变得越来越繁忙，时间变得很宝贵，不愿意花时间等待，顾客对服务效率要求越来越高。这就要求宴会服务人员，合理利用工具，迅速快捷、准确无误地满足顾客需求。

（三）实物产品质量

实物产品可直接满足顾客的物质消费需要，其质量也是宴会服务质量的重要组成

部分之一。它通常包括以下 3 个方面的内容。

（1）菜品质量。这是顾客消费的主要内容，宴会设计者要根据顾客需求，结合自身企业优势，提供令客人满意的菜肴和酒水。

（2）客用品质量。客用品是实物产品的一个组成部分，指的是直接供顾客消费的各种用品。客用品质量应与餐厅的档次相匹配，避免提供劣质品；客用品数量应充裕，不仅要满足客人需求，而且供应要及时。常见的客用品有餐巾纸、杯垫、洗手液等。

（3）服务用品质量。服务用品质量是指餐厅在提供服务过程中供服务人员使用的各种用品，是提供优质服务的必要条件。服务用品质量要求品种齐全、数量充裕、性能优良、使用方便和安全卫生等。例如，醒酒器、开瓶器、榨汁器等设备，不仅要实用、耐用，还要美观。

（四）环境氛围质量

环境氛围由餐厅的建筑、装饰、陈设、设施、灯光、声音、颜色以及员工的仪容仪表等因素构成。这种视觉和听觉印象对顾客的情绪影响很大，他们往往把这种感受作为评价餐厅质量优劣的依据，它会影响顾客是否再次光临。因此，餐厅经营管理者必须十分注意环境的布局和气氛的烘托，让顾客感到安全、舒适、愉快、便捷。

（五）安全卫生质量

安全是客人的第一需要，保证每一位客人的生命和财产安全是服务质量的重要环节。在日常服务中贯彻"预防为主"的原则，建立严格的安全保卫组织和制度，制定餐厅的安全措施，做好防火、防盗，避免食物中毒等事件的发生，切实搞好安全保卫工作。同时，在接待顾客过程中，服务人员要尊重客人的隐私，保守顾客的秘密，不在公共场合谈论顾客以免引起麻烦。清洁卫生也是宴会服务工作的重点和服务质量的重要内容。卫生状况不仅直接影响顾客的健康，也反映餐厅管理水平。如果一个餐厅装修金碧辉煌，服务人员端庄秀美，菜品色香味俱佳，但客人使用的餐具有污渍，顾客会瞬间失去所有的好感。

四、全面服务质量管理

全面服务质量管理是指企业为保证和提高服务质量，组织全体员工共同参与，综合运用现代管理手段，控制影响服务质量的全过程和各种因素，从而全面满足客人需求的系统管理活动。

全面服务质量管理基本点是：顾客需求便是服务内容，顾客满意就是服务质量标准。全面质量管理要以全过程管理为核心，以专业技术和各种灵活的科学方法为手段，以全体员工参与为保证，以获得最大的社会效益和经济效益为目的，以顾客满意为最终的评价点。

（一）全方位服务质量管理

服务质量的构成因素众多，涉及范围广，部门间联系紧密，因此，全面质量管理必然是全方位的质量管理，包括有形产品质量管理，无形服务的质量管理，宴会厅的各种质量管理，厨房、仓库、布草房等各种后台质量管理。

（二）全过程服务质量管理

宴会服务是为顾客服务，影响服务质量水平的各种因素体现在服务的各个方面，贯穿宴会业务管理过程的始终。为此，全面服务质量管理，既要做好事前质量管理，又要做好事中和事后的质量管理。

（三）全员服务质量管理

宴会服务质量贯穿各层次人员执行企业各项经营计划，完成各项经营目标的过程之中。宴会服务人员直接为客人提供各种服务，后台人员通过为一线人员的工作服务而间接为顾客服务，管理人员则组织前台和后台人员共同为顾客服务。每位员工及其工作都与宴会服务质量紧密相关。所以，必须调动全体员工的积极性和创造性，使人人关心服务质量，人人参与服务质量管理。

（四）全因素服务质量管理

宴会服务质量构成丰富，影响因素复杂，既有人的因素，又有物的因素；既有客观的因素，又有主观的因素；既有内部的因素，又有外部的因素。要控制好这些影响因素，就必须根据实际需要，在有机统一的前提下，采取针对性的、灵活多样的管理方法和措施，才能达到客人满意的效果。

五、服务质量调查与分析方法

所谓服务质量调查与分析，指的是管理人员通过问卷调查、现场观察、客户拜访、查看评价等途径去了解影响本企业服务质量和客户满意度的因素，并分析产生这些因素的原因，以便能够"对症下药"，改进服务质量。这类方法有很多，下面将介绍常见的 4 种方法。

（一）ABC 分析法

这是一种用于找出关键问题的管理工具和方法。ABC 分析法以"关键的是少数，次要的是多数""二八法则"这一原理为基本思想。通过对影响服务质量诸多方面因素的分析，以质量问题的个数和质量问题发生的频率为两个相关的标志，进行定量分析。先计算出每个质量问题在总体中所占的比重，然后按照一定的标准把质量问题分成 A、B、C 三类，以便找出对服务质量影响较大的一至两个关键性的质量问题，并把它纳入企业当前的 PDCA 循环中去，从而实现有效的质量管理，既保证解决重点质量问题，又兼顾到一般质量问题。

宴会设计与服务

（二）因果分析图法

这种方法也叫鱼骨图法，是分析主要质量问题产生原因的一种有效工具。在经营过程中，影响服务质量问题的原因错综复杂，因果分析图通过对存在的质量问题及其产生质量问题的原因进行分析，以图示的方式直观地将原因与结果之间的关系表示出来。首先确定好要解决的问题，把问题写在鱼骨的头上。随后召集相关人员共同讨论问题出现的可能原因，尽可能多地找出问题，在这个过程中采用"头脑风暴法"能够更全面地找出问题，把相同的问题分组，在鱼骨上标出，找出问题之后根据不同问题征求大家的意见，总结出产生这些问题的原因。在这个过程中，要注意防止出于经验、知识、利益等原因造成的偏差，确保找出的原因是真实的。最后是利用头脑风暴法提出解决问题的方法和措施，在这个过程中，要注意方法措施要多考虑几种，以便决策者进行选择。

（三）服务质量差距分析法

这种方法也称作 5-Gap 模型，是用于帮助管理者分析服务质量产生问题原因的一种分析工具，是由美国著名的营销学家贝利等人提出的一种理论，根据这种理论，服务质量问题的产生可以分为 5 种差距，模型如下图所示。

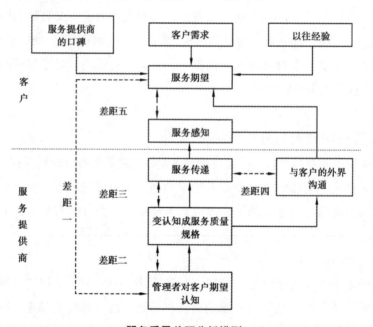

服务质量差距分析模型

差距一：客人期望值与经营者对客人期望的认知之间的差距。产生这种差距的主要原因有：服务企业设计服务产品时没有进行充分的市场调研和需求分析；进行市场调研和需求分析时得到的信息不准确；也许企业一线员工真实地了解客人的需求和愿望，但由于管理系统的障碍或者管理层级太多，这些信息未能及时地传递给管理层。

差距二：经营管理者对客人期望的认知与所制定的服务质量标准间的差距。这种差距也可以说是经营管理者没有建立一个能满足客人期望的服务质量目标，服务质量管理的计划性差，计划实施与管理不力，使计划流于形式。

差距三：实际提供的服务与服务质量标准间的差距。产生这一差距的主要原因有：制定的服务质量标准不切实际，服务操作标准规范不科学，可操作性差；企业的设施设备不能达到服务规范的要求；企业的管理、监督、激励管理系统不到位。

差距四：实际提供的服务与外部宣传沟通之间的差距。产生这一差距的主要原因有：企业对外宣传促销活动与内部经营管理、服务质量控制脱节；对外宣传促销时不客观或许诺不当；企业高层管理者对市场营销活动没有进行严格控制和管理。

差距五：客人的认知服务与期望的服务之间的差异。这是一个总差距，是以上4种差距导致的必然结果，体现出顾客最终不满意的状态。

（四）PDCA 循环工作法

PDCA 循环工作法又称为"戴明环"。它是企业全面提高服务质量的一个最基本的工作方法。PDCA 即计划（Plan）、实施（Do）、检查（Check）、处理（Action）4 个单词的首字母。PDCA 管理循环工作法一方面使质量管理按照逻辑程序循环发展，避免了质量管理产生波动性；另一方面它保证了质量管理的系统性和完整性，提高了质量管理工作的深度和广度。PDCA 循环转动的过程，就是质量管理活动开展和提高的过程。

在计划阶段，确定目标，工作开始首先要明确工作目标，这是整个工作循环围绕的中心。制订计划需要对目标进行分析，影响目标的因素有哪些？达成目标需要完成哪些事情？就此制订确实可行的计划，并制订计划实施过程中的考核指标，对计划划分阶段，能更好地把控计划在实施过程中的进度，必要时，需要制订应急计划。

在实施阶段，实施计划，将上一步制订的计划落地实施。检查跟踪，在计划实施过程中，需要记录计划实施过程中遇到的问题，各个影响因素的变化，各阶段的完成情况。

在检查阶段，计划实施到此已经结束，进入分析检查阶段，评估针对此次目标而做的计划实施后结果如何，是否达成目标。

在处理阶段，依据上一步的检查分析结果，提出改善意见，完善下一步的计划。建立预防机制，计划实施过程中出现哪些突发情况，如何预防，为以后的工作建立预防机制，防止可预见的意外情况影响计划的实施。

【行业资讯】
市场监管总局　商务部　文化和旅游部关于以标准化
促进餐饮节约反对餐饮浪费的意见

一、建立健全节约型餐饮标准体系

加快建立覆盖餐饮食材采购、仓储、加工、运输配送、经营服务、餐厨回收等全

产业链的节约型餐饮标准体系，重点补齐餐饮供应链和产业链重要基础国家标准。推动商贸、旅游行业主管部门完善本领域餐饮管理和服务行业标准。支持各地结合实际出台促进餐饮节约相关地方标准。鼓励相关社会团体、企业提出创新性举措，制定和实施要求更严、水平更高的团体标准、企业标准。

二、制定发布一批餐饮节约国家标准

支持促进餐饮节约相关国家标准快速立项。加快修订《餐饮企业质量管理规范》《旅游度假区等级划分》《旅游景区质量等级的划分与评定》等国家标准，在标准中增加反对餐饮浪费相关技术要求。组织制定餐饮供应链管理、外卖餐品信息描述、绿色餐饮经营管理、旅游餐馆设施服务等级划分、网络配餐等一批国家标准，支撑打造集约高效的餐饮供应链，最大限度地减少餐饮浪费。

三、全面提升餐饮企业标准化规范化水平

鼓励餐饮企业在实施相关国家标准、行业标准的基础上，建立健全覆盖食材采购、烹饪制作、餐饮服务、人员管理的企业标准体系，将节约理念贯穿餐饮企业运营、管理和服务的方方面面。健全绿色餐饮标准体系，开展绿色餐饮创建活动，鼓励各类主体参与绿色餐饮评价和监督工作。

四、积极推动网络餐饮节约标准创新发展

研制外卖餐饮绿色加工和配送标准，推广实施绿色可降解餐饮具标准。鼓励网络餐饮数字化、标准化建设，通过大数据等手段精准分析不同人群的口味和消费习惯，推动餐品信息标准化，方便消费者科学点餐。

五、大力开展旅游餐饮节约标准推广活动

制修订旅游行业相关标准，在标准中增加餐饮节约有关内容，优化团餐设计，倡导光盘行动，在全行业宣传"适量点餐""小份菜碟"等文明消费理念。

六、支持创建餐饮节约标准化试点

支持餐饮企业及上下游产业相关单位开展标准化试点，将促进餐饮节约作为试点创建的重要内容。及时总结各地标准化试点创建经验，培育打造一批餐饮节约标准化典型案例，支持餐饮节约标准化先进经验在全国复制推广。

七、不断完善餐饮节约标准实施监督体系

畅通标准实施信息反馈渠道，鼓励餐饮企业、旅游景区等通过标准信息公共服务平台向社会公开所实施的餐饮节约标准，接受社会监督。推动相关行业协会、科研机构、电商平台依据标准开展第三方评价，推介节约型餐饮服务组织。

八、持续营造餐饮节约标准化社会氛围

鼓励各地市场监管、商务、文化和旅游部门通过标准解读、标准培训、现场交流会等多种方式，加大餐饮节约标准化宣传力度，推动当地餐饮企业、旅游景区等有效实施餐饮节约标准，在全社会营造厉行勤俭节约、反对餐饮浪费的浓厚氛围。

【项目小结】

本项目从宴会前、宴会中、宴会后介绍了宴会服务人员的职责，从知识、技能、素质、价值观等方面介绍了宴会从业人员的要求。宴会服务具有无形性、不可分离性、不可存储性、差异性等特点，需要从业人员注重服务质量的管理。本项目也介绍了 ABC 分析法、鱼骨图分析法、服务质量差距分析模型、PDCA 循环管理等服务质量分析方法，为从事服务的人员提供了管理工具。

【项目练习】

1. 利用鱼骨图分析法，分析本区域某家酒店、餐厅、食堂的服务质量问题。

2. 结合本项目内容，对照自身实际情况，判断本人与宴会服务人员的要求是否有差距。

参考文献
CANKAO
WENXIAN

［1］何丽萍．餐饮服务与管理［M］.2 版．北京：北京理工大学出版社，2017.

［2］刘丹．宴会菜单设计［M］.大连：大连理工大学出版社，2019.

［3］全国旅游职业教育教学指导委员会．餐饮奇葩 未来之星：教育部全国职业院校技能大赛高职组中餐主题宴会设计赛项成果展示 .2016［M］.北京：旅游教育出版社，2017.

［4］张红云．宴会设计与管理［M］.武汉：华中科技大学出版社，2018.

［5］张丽萍．酒店市场营销［M］.2 版．桂林：广西师范大学出版社，2018.

［6］曾声隆，谢强．酒店餐饮服务与管理［M］.桂林：广西师范大学出版社，2022.

［7］叶伯平，鞠志中，邸琳琳．宴会设计与管理［M］.北京：清华大学出版社，2007.

［8］陈国民，李强，陈继龙．市场营销学［M］.长春：东北师范大学出版社，2014.

［9］陈戎，刘晓芬．宴会设计［M］.桂林：广西师范大学出版社，2014.

［10］刘根华，谭春霞．宴会设计［M］.重庆：重庆大学出版社，2009.

［11］王美萍．餐饮成本核算与控制［M］.北京：高等教育出版社，2010.

［12］匡家庆，方堃．调酒与酒吧管理［M］.武汉：华中科技大学出版社，2022.